黄河内蒙古段典型POPs在多相介质中迁移机理及环境归趋行为研究

裴国霞 张 琦 韩艳红 韩 珍 著

中国水利水电出版社
www.waterpub.com.cn

·北京·

内 容 提 要

持久性有机污染物（POPs）具有环境持久性、生物蓄积性、半挥发性和高毒性，虽然其在水环境中含量甚微，却会对人类健康和生态环境构成潜在威胁。本书选择黄河内蒙古段为研究区域，全面系统地阐述了典型持久性有机污染物——六六六、多氯联苯及多环芳烃，在水沙协同作用下及水体冻融过程中的时空变异特性、迁移转化规律，评价了目标物质对典型河段水体环境造成的潜在污染风险，并通过Ⅲ、Ⅳ级逸度模型探究了 α-HCH 在多相介质间的环境归趋。

本书可作为环境科学、环境污染控制及环境管理等相关领域的科研人员、技术人员、高等院校师生的参考书。

图书在版编目（ＣＩＰ）数据

黄河内蒙古段典型POPs在多相介质中迁移机理及环境归趋行为研究 / 裴国霞等著. -- 北京 ： 中国水利水电出版社，2021.2
  ISBN 978-7-5170-9438-8

Ⅰ．①黄… Ⅱ．①裴… Ⅲ．①黄河流域－有机污染物－河流污染－研究－内蒙古 Ⅳ．①X522

中国版本图书馆CIP数据核字(2021)第031968号

策划编辑：陈红华　　责任编辑：张玉玲　　加工编辑：高双春　　封面设计：李　佳

书　名	黄河内蒙古段典型 POPs 在多相介质中迁移机理及环境归趋行为研究 HUANG HE NEIMENGGU DUAN DIANXING POPs ZAI DUO XIANG JIEZHI ZHONG QIANYI JILI JI HUANJING GUIQU XINGWEI YANJIU
作　者	裴国霞　张琦　韩艳红　韩珍　著
出版发行	中国水利水电出版社 （北京市海淀区玉渊潭南路 1 号 D 座　100038） 网址：www.waterpub.com.cn E-mail：mchannel@263.net（万水） 　　　　sales@waterpub.com.cn 电话：（010）68367658（营销中心）、82562819（万水）
经　售	全国各地新华书店和相关出版物销售网点
排　版	北京万水电子信息有限公司
印　刷	三河市华晨印务有限公司
规　格	170mm×240mm　16 开本　13.75 印张　219 千字
版　次	2021 年 3 月第 1 版　　2021 年 3 月第 1 次印刷
定　价	68.00 元

前　言

黄河是中华民族的母亲河，是我国重要的生态屏障。黄河流域内蒙古段位于黄河上游冲积平原段，地处西北干旱寒冷地区，生态环境脆弱，其间基本无支流汇入，对黄河水资源依赖性较强，是呼和浩特和包头两市居民生活主要饮用水水源。我国著名的大灌区（内蒙古引黄灌区）中，黄河水量占到总用水量的 96% 以上，黄河内蒙古段水质的变化关系到饮用水水质及农产品安全，直接影响着区域经济的可持续发展，也关乎黄河中下游段的水环境质量。

持久性有机污染物（POPs）具有环境持久性、生物蓄积性、半挥发性和高毒性，对人类健康和生态环境危害巨大。POPs 虽然在水中含量甚微，却因其生物累积性和"三致"（致突变、致畸、致癌）效应对人体健康构成潜在威胁，是水环境研究领域所关注的重要污染物之一。针对黄河内蒙古段水体、悬浮颗粒物和沉积物中重金属的研究较多，对于黄河兰州段水体、悬浮颗粒物和表层沉积物中 POPs 的研究已见报道。本团队从 2007 年以来致力于黄河内蒙古段多相介质中 POPs 的研究，得到了下列国家自然科学基金的资助：POPs 在多泥沙河流中分布和迁移规律的研究（黄河内蒙古段）（50669003）；黄河（内蒙段）冰封期典型 POPs 在多相介质中输移机理及规律的研究（51169018）；内蒙古黄灌区土壤环境中典型 POPs 迁移机制及降解特性研究（51469023）。本研究工作得到了内蒙古农业大学、黄河水利委员会宁蒙水文水资源局、内蒙古自治区水文总局、黄河头道拐水文站、托克托县水利局、巴彦淖尔市水利科学研究所等单位的大力支持，也得到了许多专家同人的鼎力相助，凝聚着一届届青年学子对科学的执着探究，在此一并表示衷心感谢！

本书共分 8 章：第 1 章多相介质中 POPs 的研究现状由韩珍、韩艳红撰写；第 2 章黄河干流内蒙古段概况由张琦撰写；第 3 章样品采集及处理分析方法由张琦撰写；第 4 章水沙协同运动过程中 PCBs 和 HCHs 的时空变异特征由韩艳红撰写；第 5 章水体冻融过程中 PAHs 的时空变异特征由张琦撰写；第 6 章典型 POPs 的迁移转化规律由张琦、韩艳红撰写；第 7 章典型 POPs 风险评价由韩珍、张琦撰写；第 8 章典型 POPs 多介质环境归趋行为由韩珍撰写。全书由裴国霞拟定撰写大纲并负责统稿，李亚芳、徐明、任智辉也参与了本书的撰写工作。

本书是在专题研究成果的基础上，结合国内外相关研究资料撰写的，内容系统深入且理论联系实际，研究成果可供寒区多泥沙河流中开展 POPs 相关研究借鉴。本书是阶段性成果，关于黄河内蒙古段典型 POPs 的水生生物富集效应，生物降解机制及黄灌区土壤中目标物质迁移机理的研究仍在进行中。

因作者水平所限，书中难免存在疏漏与不足之处，敬请各位读者提出宝贵意见及建议。

裴国霞

2020 年 11 月

目　　录

第 1 章　多相介质中 POPs 的研究现状

1.1　POPs 及理化性质

1.1.1　持久性有机污染物（POPs）

1.1.1.1　POPs 的定义及性质

持久性有机污染物（POPs）是指通过各种环境介质（大气、水、土壤、生物体等）能够长距离迁移，具有环境持久性、生物蓄积性、半挥发性和高毒性，对人类健康和环境具有潜在威胁的天然或人工合成的有机污染物质。POPs 具有以下重要特性：

（1）环境持久性：POPs 结构稳定，半衰期长，在自然环境下难以降解，一旦被排入水体、土壤中，能在这些环境介质中存留数年时间，进而严重影响人体健康与环境。研究表明，即使自《斯德哥尔摩公约》在我国生效实施起停止 POPs 的生产和使用，也至少要在第 7 代人体内才不会检出[1]。

（2）生物蓄积性：POPs 水溶性低，脂溶性高，容易通过生物的磷酸脂膜富集在生物体内，并沿着食物链达到生物放大作用，最终造成潜在危害。

（3）半挥发性：POPs 的这个特性决定了它不仅可以在介质中迁移，也可以在介质间迁移。在低纬度地区，POPs 可从水体或土壤挥发至大气中，随后沉积于低纬度地区，造成全球污染，甚至在鲜有人迹的沙漠、南北极都可监测到其存在，表现为"全球蒸馏效应"[2]。

（4）高毒性：POPs 大多具有"致癌、致畸、致突变"作用，严重影响人类和动物的生殖、遗传、神经和内分泌等系统。英国一项调查发现，接受调查的雄性石斑鱼 60%出现了雌性化的特征，不少雄性石斑鱼生殖器开始具有排卵功能，甚至出现了两性鱼[3]。在有关研究中，一系列结果充分证明了 POPs 能够在一定程度上改变人类的基因，并引起病变。

1.1.1.2 POPs 的履约现状

1962 年，美国生物学家 Rachel Carson[4]在《寂静的春天》一书中首次大胆提出了有机氯农药问题，引起了全球对有机氯污染的警觉。2001 年 5 月 22—23 日，91 个国家在瑞典首都斯德哥尔摩共同签署了《斯德哥尔摩公约》[5]（以下简称《公约》），首批限制了有机氯杀虫剂（包括 DDT、七氯、六氯苯、狄氏剂、异狄氏剂、艾氏剂、氯丹、毒杀芬、灭蚁灵）、工业化学品（包括多氯联苯）及非故意生产的副产品（包括多氯二苯并-对-二噁英和多氯二苯并呋喃）等 12 种物质的生产和使用。2009 年在瑞士首都日内瓦举行的第四届缔约大会在公约名单中新增 9种物质[6]，包括：α-六氯环己烷、β-六氯环己烷、商用五溴联苯醚、商业八溴联苯醚、六溴联苯、林丹、五氯苯、十氯酮、全氟辛烷磺酸及其盐类等。2011 年 5 月在第五届缔约大会中，受控名单新增硫丹[7]。2015 年和 2017 年又新增 5 种 POPs[8]。除以上 POPs 外，多环芳烃、五氯酚等物质也受到广泛关注。

我国是《公约》的首批缔约国，自签署公约以来，成立了专门的国家履约协调组，联合 13 个部门在生态环境部的带领下，开展了一系列管理、组织、协调工作，逐步实施 POPs 在我国的削减、控制、淘汰计划，以安全有效、无害化的方式处理 POPs 库存和废弃物，最大程度解决 POPs 污染问题，遏制 POPs 在环境中的增长趋势。

1.1.2 典型 POPs 及其环境标准

1.1.2.1 HCHs

六六六（Hexachlorocyclohexanes，HCHs）是环己烷每个碳原子上的一个氢原子被氯原子取代形成的。其分子式为 $C_6H_6Cl_6$，根据氢原子和氯原子在碳原子上的空间分布不同，共有 8 种不同的异构体，分别是 α、β、γ、δ、ε、η、θ 和 ξ，其中 α-HCH 包括两种对映异构体：(-) α-HCH 和（+）α-HCH，结构式如图 1.1 所示。HCHs 难溶于水，易溶于有机溶剂，化学性质较为稳定，在光、热及酸性条件下不易分解，但在碱性条件下会发生分解反应产生氯化氢。HCHs 的挥发性较小，易于被水体沉积物颗粒吸附，尤其是在有机质含量丰富的沉积物中。

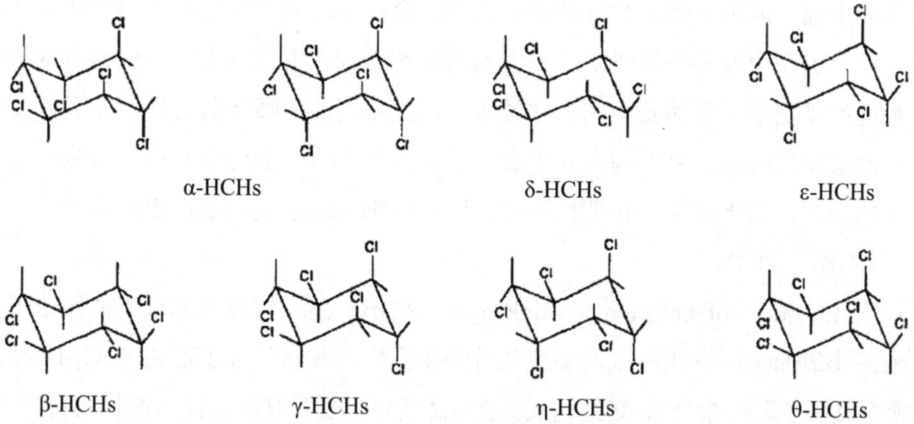

图 1.1 HCHs 的异构体结构式

HCHs 容易在脂肪中残留，所以在食物链的顶端——人体内残留量最高。HCHs 影响着生态平衡、可持续发展及人类健康。HCHs 在环境中的降解速率很慢，一旦进入环境，就将长期驻留下去。在人体的血液中，β-HCH 的降解半衰期为 7.2a，γ-HCH 则为 1d；水中 HCHs 的 4 种主要异构体的转化和降解顺序一般为：α-HCH>γ-HCH>δ-HCH>β-HCH[9]。β-HCH 最稳定，半衰期最长，毒性最强，是造成环境 HCHs 污染的主要物质。不同的异构体危害性不同，γ-HCH 的危害性最强。以雄鼠为例做实验，结果发现体内蓄积了 γ-HCH 的雄鼠肾脏受到了严重损害。因为 HCHs 是亲脂憎水性物质，所以在人类及动物体内主要分布于脂肪中，另外还有研究表明在中枢神经中也能检测到 PCBs。其对人类的危害很多，主要影响神经系统。HCHs 会影响肝脏的内分泌，使其营养失调[10]。

HCHs 作用于昆虫神经，是一种广谱杀虫剂，1946 年开始在全世界各地区大规模生产和使用。通常用作杀虫剂的六六六有工业级 HCHs 和林丹两种，工业级 HCHs 主要由 α-HCH、β-HCH、γ-HCH、δ-HCH 四种异构体组成，其中 α-HCH 约占 60%～70%、β-HCH 约占 5%～12%、γ-HCH 约占 10%～12%、δ-HCH 约占 6%～10%。林丹是 γ-HCH 纯度达到 99%以上的六六六。在 HCHs 的 8 种异构体中，只有 γ-HCH 具有有效的杀虫效果。除用作杀虫剂外，林丹有时也用作药物驱除某些人体寄生虫。有科学家对 1948－1997 年间 HCHs 在全球的使用量进行了估计[11]，使用总量为 9.7Mt，其中我国的使用量最大，达 4.46Mt。自 20 世纪 70 年代开始，欧美等西方国家相继禁止了 HCHs 的使用，我国也在 1983 年全面禁止了 HCHs

的农业用途。但由于持久性等特点，HCHs会在禁用后的较长时间内存在于环境中，现今仍在国内外的调研中检测出HCHs有不同程度的残留，不仅直接威胁到农牧业产品安全、食品安全和人体健康，还关系到国民经济的可持续发展以及国土资源安全的问题。目前国内外学者对于水体中POPs的污染开展了较为广泛和深入的研究，由于使用的长期性和广泛性，HCHs成为污染物研究的热点[12]。

1.1.2.2　PCBs

多氯联苯（Polychlorinated Biphenyls，PCBs）是一组联苯苯环上的氢原子被1～10个氯原子所取代形成的多氯代芳烃化合物，其化学分子通式为$C_{12}H_{10-n}Cl_n$（n为氯原子取代数目），其结构式如图1.2所示。根据取代位置和取代数目不同，PCBs在自然环境中理论上存在209种同系物，现今已检测到150种。

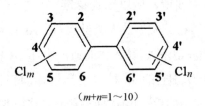

$(m+n=1\sim10)$

图1.2　PCBs的分子结构式

PCBs的纯化合物为晶体，混合物则为油状液体。低氯代物呈液态，流动性好。随着氯原子数增加，黏稠度也相应增大，呈糖浆或树脂状。其难溶于水，常温下蒸气压低和挥发性弱，结构稳定，热稳定性强，耐酸碱，具有强耐腐蚀和抗氧化能力，在常温下难降解。其沸点较高，均在160℃以上，电导率低。在环境介质中常用辛醇-水分配系数（K_{ow}）来表征PCBs的分配特性，PCBs的$\log K_{ow}$的平均值随着氯原子数的增加从4.1增至9.6，呈线性变化。PCBs的半衰期随氯代数目的增加而加长，一氯联苯到五氯联苯的半衰期为几天到10年左右，氯取代数目更多的PCBs的半衰期长达20年。

PCBs因具有优良的物理化学性质而广泛应用于工农业生产中。1881年，德国科学家H.Schmidt和G.Schuts研制合成了PCBs，之后美国在1929年首先用于工业化生产中，并将其命名为Aroclor混合物[13]。随后各国开始相继生产，主要用作电容器、可塑剂、黏合剂等中的绝缘流体。到1989年全球累计生产PCBs达到150万t[14]。我国于1965年开始生产PCBs，于1974年年底停止生产[15]，到 20 世纪 80 年代初我国基本上所有企业停止生产 PCBs，估计总累计产量近万吨。另外，从 20 世纪 50 年代至 70 年代，我国曾由日本、德国、法国、比利时等一些发达国家进口部分含有 PCBs 的电力电容器、动力变压器等设备[16]，这也是我国境内环境中 PCBs 的主要来源之一。

1.1.2.3 PAHs

多环芳烃（Polycyclic Aromatic Hydrocarbons，PAHs）是分子中含有两个或两个以上苯环的碳氢化合物以及由它们衍生出的各种化合物的总称。PAHs 的苯环可以有两种方式连接在一起：一种是非稠环型的，即苯环与苯环之间各由一个碳原子相连；另一种是稠环型的，即两个苯环共用两个碳原子。通常所说的多环芳烃均指稠环芳烃。分子量相同的 PAHs 具有多种同分异构体，因此 PAHs 种类比较多。理论上 2～8 环的 PAHs 多达 1896 种，其中 6 环的 PAHs 有 82 种同分异构体，而 7 环的 PAHs 有 333 种同分异构体。

PAHs 为非极性晶体，其溶液通常具有荧光，大多数呈无色、浅黄色或白色，少数为深色，分子量大且分子结构对称、偶极距小，易溶于有机溶剂，水中溶解度很小，辛醇-水分配系数较大，且随着分子量的增加，辛醇-水分配系数增大。其饱和蒸气压及熔沸点均较低，常温下具有半挥发性，一般来说 PAHs 分子量越大，蒸气压越小，挥发性越大，因此 2～3 环的 PAHs 蒸气压较高，在环境中主要分布在气相介质中，5~6 环的 PAHs 蒸气压较低，常吸附在大气颗粒物表面，介于两者之间的 3～4 环的 PAHs 在气相与固相介质中均有存在。随着分子量的增加 PAHs 的挥发性和溶解度均会降低，而熔沸点会升高。PAHs 的化学性质与其分子结构具有显著相关性，例如具有稠合多苯结构的 PAHs，由于其结构中有与苯相似的共轭 π 键，因此具有较强的化学稳定性。而呈直线排列的 PAHs，由于其总电子数增加，每个电子的振动能降低，反应活性增强，因此化学活性较强。

对于 PAHs 的研究可以追溯到 1775 年，英国著名外科医生 Potter 发现清扫烟囱的工人癌症发病率很高，认为煤烟可能是诱发癌症的原因，1872 年这一发现被英国另一学者布林证实。1915 年，日本学者 Yanagiwa 等用煤焦油多次涂抹兔耳，最终诱发皮肤癌。1933 年，Cook 等首次成功从煤焦油中分离出集中 PAHs 化合物[17]。1950 年，Walter 从伦敦大气中分离出苯并芘[18]。

PAHs 主要是由石油、煤炭、木材、气体燃料、纸张等含碳氢化合物的不完全燃烧以及在还原环境下热分解而产生的。温度决定 PAHs 的混合组成。PAHs 在环境中以混合物的形式存在，种类繁多，毒性和活性也各不相同。任何一种组分均不能代替 PAHs 混合物的性质。

为衡量和评价环境介质中 POPs 的污染水平和危害程度，我国制定了一系列的相关环境质量标准（表 1.1）。

表 1.1 典型 POPs 的相关环境质量标准

介质		浓度标准								参考文献
		萘	蒽	荧蒽	苯并荧蒽	苯并芘	多氯联苯	六六六（总量）	γ-六六六	
空气 /[μg·(m³·a)⁻¹]		—	—	—	—	0.001	—	—	—	[19]
农用土壤 /(mg·kg⁻¹)		—	—	—	—	0.55	—	0.10	—	[20]
饮用水地表水水源地/（mg·L⁻¹）		—	—	—	—	$2.8×10^{-6}$	$2.0×10^{-5}$	—	—	[21]
地下水 /（μg·L⁻¹）	I 类	1	1	1	0.1	0.002	0.05	0.01	0.01	[22]
	II 类	10	360	50	0.4	0.002	0.05	0.50	0.20	
	III 类	100	1800	240	4.0	0.01	0.50	5.00	2.00	
沉积物	I 类	—	—	—	—	—	$0.02×10^{-6}$	$0.50×10^{-6}$	—	[23]
	II 类	—	—	—	—	—	$0.20×10^{-6}$	$1.00×10^{-6}$	—	
	III 类	—	—	—	—	—	$0.60×10^{-6}$	$1.50×10^{-6}$	—	

注 "—"表示无明确标准值；沉积物数值测定项目均以干重计；地表水中多氯联苯指 PCB1016、PCB1221、PCB1232、PCB1242、PCB1248、PCB1254、PCB1260，地下水中多氯联苯为 PCB28、PCB52、PCB101、PCB118、PCB138、PCB153、PCB180、PCB194、PCB206 9 种 PCBs 单体总和；六六六（总量）为 α-六六六、β-六六六、γ-六六六、δ-六六六 4 种异构体总和。

1.2 典型 POPs 的分布特征

1.2.1 赋存水平

1.2.1.1 大气中的赋存形式
大气不仅是生态系统中各生物生存环境的重要组成部分，也是地球上各种物质传输和交换的重要载体。环境中的 POPs 以气体或气溶胶形式悬浮于大气中，经过长距离迁移和全球再分配使全球大气受到污染，再通过各种途径进入人体，从而在人体累积。

我国自 2007 年起开展了大气、水体等介质中 POPs 的监测。郑明辉等[8]对监测数据进行了整理，结果显示，我国内地大气背景监测点的 POPs 浓度在低水平波动，2007－2011 年 PCDD/Fs（多氯代二苯并呋喃）和 DL-PCBs（类二噁英类多氯联苯）的毒性浓度总体上东部高于西部；在城市点和农村点，PCDD/Fs 的毒性浓度总体趋势为城市点高于农村点；大气背景点、城市点、农村点中的指示性 PCBs 的毒性浓度为城市点（55.1～90.6pg·m^{-3}）高于背景点（4.7～44.9pg·m^{-3}）高于农村点（4.62～10.3pg·m^{-3}）。香港大气中 PCDD/Fs 的浓度保持在较低水平。此外，国外大气 POPs 的监测动态显示，北美五大湖、北极圈和欧洲少数监测点中 HCHs 的含量呈显著下降趋势。除国家对大气中 POPs 大范围的监测计划外，许多学者也对区域大气中 POPs 的污染水平进行了研究。Algeria 等[24]研究了 2002－2004 年墨西哥南部不同城市、农村和郊区大气中 PCBs 的残留状况，发现研究区 PCBs 污染处于较低水平。朱思宇[25]发现杭州 ΣHCHs 浓度夏季高于冬季，工业区高于农业区，其中夏季工业区、农业区平均浓度分别为 45.6pg·m^{-3}、40.8pg·m^{-3}，冬季分别为 42.7pg·m^{-3}、27.9pg·m^{-3}。为探究污染物从高污染区迁移到高原极地等清洁地区的变化，一些专家对高原极地及其过渡区大气中的 POPs 展开了研究。劳齐斌等[26]对北极 POPs 含量进行归纳总结发现，北极大气中低氯 PCBs 多以气态分布，高氯则多吸附于大气颗粒物中，在长距离迁移中向高纬度地区传输。1986 年，Hargrave 等[27]发现北极高纬度大气中 ΣHCHs 浓度高达 521pg·m^{-3}。之后的 20 年世界各国逐渐停止了 POPs 产品的生产和使用，大气中 POPs 含量明显下降。但 2002 年后 POPs 呈缓慢上升趋势，这是由于北极地区对气候变化响应敏感，全球变暖导致北极气候快速变化，先前富集于冰雪中的 POPs 随着冰雪融化释放在大气中，导致北极融冰区大气中 POPs 浓度升高[28]。潘静等[29]以青藏高原边缘过渡带的若尔盖地区为研究区域讨论了该地区环境介质中 POPs 的分布及原因，结果显示该地大气中吸附态的 HCHs 和 PCBs 平均浓度夏季低于冬季；气态 HCHs 和 PCBs 在夏季的浓度为 184.8pg·m^{-3} 和 193pg·m^{-3}，与冬季基本持平或略低于冬季。这表明若尔盖地区 POPs 的传输以冬季为主。

1.2.1.2　土壤中的含量

土壤是 POPs 的主要储藏场所。相较欧美国家，我国土壤 POPs 研究起步较晚，但近些年因土壤污染问题影响人们生活的报道层出不穷，土壤 POPs 污染引起了社会的广泛关注。

我国土壤整体上受 POPs 污染较严重。国内外许多学者在各地土壤中均检测出了 POPs。根据 2009—2019 年我国内蒙古、东北、四川、西安、广西、长江三角洲等地区表层土壤中美国国家环境保护局规定的 16 种优先控制 PAHs 含量的研究，PAHs 总量范围为 ND～9500ng·g^{-1}（ND 为未检出）。其中，煤矿、焦化场受污染最为严重，其次是各城市的化工企业工业区，农田中污灌区土壤 POPs 污染也较严重。调查显示，总体上我国有 23%的土壤未受 PAHs 污染，31%受轻微污染，8%受中度污染，高达 38%的土壤受到严重污染[30]。我国本底土壤 PCBs 平均浓度为 0.515ng·g^{-1}（干重），约为全球本底土壤 PCBs 质量浓度范围的 1/10[31]。土壤中 PCBs 污染水平与区域经济、人口、工业化程度等因素密切相关，在城市化程度高、经济发达的地区 PCBs 使用量大，在土壤中的富集相应增加，而在工业化程度低或较偏远的地区，土壤中 PCBs 残留量往往较低。王传飞等[32]的研究得出，青藏高原高寒草地土壤中 PCBs 的浓度远低于其他偏远的地区，Notarianni 等[33]发现意大利草原土壤中七种指示性 PCBs 含量范围为 0.8～2ng·g^{-1}，莫斯科草地中 PCBs 含量范围为 3.1～42ng·g^{-1}[34]。长江、黄河沿岸土壤中 PCBs 也处于低污染水平。鲁垠涛等[35]在长江流域 13 个干流、18 个支流断面处沿岸表层土壤中共检测出 66 种 PCBs，总浓度范围为 1.05～50.11ng·g^{-1}，处于低污染水平。姚宏等[36]研究了全黄河范围内 40 个国家重点控制断面岸边土壤中 DL-PCBs 的污染现状，总含量范围为 0.37～7.17ng·g^{-1}。PCBs 在农田中同样有残留，受种植作物、土壤质地、灌溉方式等的影响，各地区农田土壤污染水平差异较大。苏南某地区不同功能区的农田土壤中 PCBs 检出率为 66%，含量变化范围为 ND～399.1ng·g^{-1}[37]；太原市农田土壤 PCBs 残留浓度范围为 16.88～256.04ng·g^{-1}[38]；通辽市农田土壤的含量变化范围为 0.05～0.38ng·g^{-1}[39]；韩国农田土壤的含量变化范围为 0.16～0.22ng·g^{-1}[40]；瑞典农田土壤的含量变化范围为 0.55～55ng·g^{-1}[41]。相比非工业区，工业区土壤 PCBs 污染严重得多，我国某地区电子拆解区周边表层土壤中 DL-PCBs 浓度范围高达 280～7010ng·g^{-1}[42]。20 世纪 50～60 年代 HCHs 在全世界生产和使用, 曾是我国产量最大的杀虫剂, 禁用后的30多年仍能在土壤中被检出。对HCHs的研究主要集中于农田土壤。肖鹏飞[43]查阅了近年来吉林省土壤有机氯农药污染的相关文献, 发现吉林省农田中HCHs检出率较高, 残留范围为ND～193.13ng·g^{-1}。珠江三角洲[44]地区不同土地利用类型土壤中HCHs残留差异较大, 耕地残留量较高, 特别是菜地, 其次是园地, 林地残留量最低。我国一些城市土壤受HCHs污染较为严重, 如重庆、上海、宁波、广州、西安、呼和浩特等, 表层土壤HCHs含量范围为ND～622ng·g$^{-1[45]}$。

1.2.1.3 水体中的浓度

水体是POPs最主要的富集场所, 在全球范围内绝大多数的河流、湖泊、海洋的水体和水体悬浮物及沉积物中都有POPs被检出。

根据已见报道的26个湖泊水体的研究发现[46], 我国湖泊水体中16种优先控制的PAHs总浓度范围为4～9847ng·L^{-1}, 平均浓度为$(360.0±433.8)$ng·L^{-1}, 主要以中低环 (2～4环) 为主, 高环 (4～6环) 占比较低, 其中Nap含量最高。我国湖泊HCHs总浓度范围为0.25～195ng·L^{-1}, 平均浓度为$(12.8±23.5)$ng·L^{-1}, 其中β-HCH是我国湖泊中HCHs的主要存在单体。湖泊水体中POPs的含量主要与自身理化性质、季节、水深、人为活动等因素有关, 也与所处地理位置、采样断面位置等条件有一定关系。除湖泊水体外, POPs在我国松花江、长江、珠江、钱塘江、南海、闽江、胶州湾、大亚湾等水体中也有检出[47], 且PAHs、PCBs和有机氯农药的检出浓度相对较高。尤其是PAHs, 在已有报道水域中, PAHs检出率高, 检出浓度高。$\sum PAH_{16}$检出水平的地域差异性较大, 其范围为0.128～6680ng·L^{-1}, 环境指示性PAHs单体浓度范围为ND～1543.7ng·L^{-1}, 其中萘检出浓度最高, 苯并蒽、苯并芘和苊的检出浓度相对降低。$\sum HCHs$的检出范围为ND～1228.6ng·L^{-1}。与湖泊水体中相反, β-HCH在江河中的检出水平最低, 范围为ND～92.5ng·L^{-1}, γ-HCH最高, 为ND～973ng·L^{-1}。PCBs检出范围广, 但普遍检出浓度不高, $\sum PCBs$的浓度范围为ND～1355.5ng·L^{-1}, 大亚湾 (91.1～1355.3ng·L^{-1}) 检出水平最高。此外, 学者们在北京通州灌区河流沉积物中, 丰水期巢湖东部水源区表层水体中, 东江流域典型乡镇饮用水源, 珠江口的水、沉积物及水生动物中均检出较高浓度的α-HCH[48]。

Yuko Ogata等[49]通过采集17个国家30个样品监测沿海水域中的POPs赋存

水平, 研究发现 PCBs 污染呈现出明显的地域差异。美国含量最高, 旧金山、洛杉矶、波士顿等地 PCBs 浓度范围为 $300\sim600\text{ng}\cdot\text{g}^{-1}$, 其次是荷兰、英国、意大利等欧洲国家和日本, 浓度范围为 $50\sim400\text{ng}\cdot\text{g}^{-1}$, 澳大利亚、东南亚和非洲南部国家含量最低, 均小于 $50\text{ng}\cdot\text{g}^{-1}$。HCHs 污染程度普遍较低, 其浓度范围为 ND$\sim$ $37.1\text{ng}\cdot\text{g}^{-1}$, 但与 PCBs 相反, HCHs 在包括美国、亚洲、欧洲在内的大多数地区浓度较低, 而南非和莫桑比克浓度更高, 且 90%以上为 γ-HCH。

POPs 进入水环境之后主要富集在水中的悬浮物和沉积物上。国外对水体悬浮物和沉积物 POPs 的研究已有 40 余年, 主要集中在河流、海湾、港口中。巴西东南部 3 个热带海湾悬浮物中 $\sum$PCBs 浓度均值分别为 $18.2\text{ng}\cdot\text{g}^{-1}$、$4.08\text{ng}\cdot\text{g}^{-1}$、$5.11\text{ng}\cdot\text{g}^{-1}$[50]。德国南部内卡尔河 5 个支流沉积物中 PAHs 平均浓度为 $6900\text{ng}\cdot\text{g}^{-1}$[51], 悬浮物中为 $5800\pm300\text{ng}\cdot\text{g}^{-1}$。加拿大安大略省中部 2 个湖泊沉积物中 PCBs 浓度范围分别为 $14.0\sim16.5\text{ng}\cdot\text{g}^{-1}$ 和 $44.4\sim65.5\text{ng}\cdot\text{g}^{-1}$, 悬浮物中 PCBs 浓度普遍高于相应的沉积物中的浓度, 浓度范围分别为 $335\sim402\text{ng}\cdot\text{g}^{-1}$ 和 $176\sim274\text{ng}\cdot\text{g}^{-1}$[52]。美国纳拉甘西特海域表层沉积物中 PAHs 的含量范围为 $566\sim216000\text{ng}\cdot\text{g}^{-1}$[53]。韩国海岸沉积物中 USEPA 优先控制的 16 种$\sum$PAHs 的含量范围为 $8.8\sim18500\text{ng}\cdot\text{g}^{-1}$[54]。肯尼亚维多利亚湖干旱季节 OCPs 浓度范围为 $32.91\pm3.84\text{ng}\cdot\text{g}^{-1}$[55]。塞尔维亚主要河流和人工湖沉积物中 PAHs 浓度范围为 ND$\sim728\text{ng}\cdot\text{g}^{-1}$, PCBs 为 ND$\sim57\text{ng}\cdot\text{g}^{-1}$, OCPs 为 ND$\sim$ $113\text{ng}\cdot\text{g}^{-1}$[56]。近年来, 我国对悬浮物和沉积物 POPs 的研究不断增加。长江口滨岸悬浮物中 PCBs 以二氯联苯为主, $\sum$HCHs 浓度范围为 $6.24\sim14.75\text{ng}\cdot\text{g}^{-1}$, α-HCH 为主要成分[57]。长江南京段悬浮物中 HCHs 含量范围为 $0.14\sim0.47\text{ng}\cdot\text{L}^{-1}$, 沉积物中为 $0.18\sim1.67\text{ng}\cdot\text{L}^{-1}$[58]。永定河水系悬浮物中 HCHs 浓度范围为 $0.4\sim$ $4.71\text{ng}\cdot\text{g}^{-1}$[59]。淮河中游重化工聚集区干流水体悬浮物中 PAHs 浓度范围为 $1169.44\sim4048.86\text{ng}\cdot\text{g}^{-1}$[60]。巢湖沉积物中 OCPs 平均浓度为$(13.7\pm9.8)\text{ng}\cdot\text{g}^{-1}$, 悬浮物中为$(188.1\pm286.7)\text{ng}\cdot\text{g}^{-1}$[61]。海河流域水体沉积物中$\sum$PCBs 质量浓度为 $0.41\sim$ $58.99\text{ng}\cdot\text{g}^{-1}$[62]。珠江口为 $6.58\sim47.46\text{ng}\cdot\text{g}^{-1}$[63]。杭州青山水库沉积物中$\sum$PAHs 含量范围为 $324\sim881\text{ng}\cdot\text{g}^{-1}$, 平均值为 $453\text{ng}\cdot\text{g}^{-1}$, 以高分子量为主要组分[64]。南宁市清水泉地下河表层沉积物中$\sum$PAHs 含量范围为 $257.7\sim609.5\text{ng}\cdot\text{g}^{-1}$, 均值为 $430.9\text{ng}\cdot\text{g}^{-1}$, 4 环 PAHs 含量最高, 5$\sim$6 环 PAHs 含量次之, 2$\sim$3 环 PAHs 含量最低[65]。扬州城区水体表层沉积物中 HCHs 含量范围为 $80.28\sim5434.59\text{ng}\cdot\text{g}^{-1}$[66]。

衡水湖沉积物中 2018 年 8 月和 2019 年 3 月∑PAHs 含量范围分别为 875.49ng·g^{-1} 和 1010.17ng·g^{-1}，∑OCPs 分别为 35.57ng·g^{-1} 和 38.39ng·g^{-1}[67]。东平湖表层沉积物 PCBs 含量范围为 ND～0.61ng·g^{-1}，均值为 0.13ng·g^{-1}[68]。

在冰的融化过程中，有机污染物通过挥发作用进入大气或者通过地表径流进入水生生态系统。光化学作用还会使得冰中的一些有机污染物进行光化学转化而形成比原来更具有持久性和毒性的化学物。这就使得含有 POPs 的冰成为潜在的二次污染源。有研究监测发现[69]，极地雪中最重要的有机氯农药是 α-HCH 和 γ-HCH 等，其浓度比其他 POPs 要高出 10～20 倍。Gustafsson 等[70]发现北极地区 20～100cm 冰体中∑PCB$_{15}$ 含量范围为 6～40pg·L^{-1}。2007 年，Matykiewiczová[71]研究发现，1961 年加拿大温带冰川中的 α-HCH 和 γ-HCH 的浓度分布为 1.82ng·L^{-1} 和 0.12ng·L^{-1}，而在 1959－1995 年，α-HCH 的浓度呈下降趋势。Nemirovskaya 等[72]在东南极冰盖中检测到痕量的低分子量菲、荧蒽和屈，∑PAHs 浓度仅为 10ng·L^{-1}。青藏高原 4 条典型冰川雪冰中∑PAHs 含量范围为 20.45～60.57ng·L^{-1}[73]。海螺沟冰雪中∑PAHs 含量范围为 2.8～80.9ng·L^{-1}[74]。

1.2.2 分布特征

1.2.2.1 时间变异特征

POPs 的分布具有明显的时间性变化特征，随季节的变化浓度分布有显著差异。王玲等[75]发现大气中的有机氯农药浓度在夏半年更高，在冬半年相对较低。北极理事会北极监测与评估工作组（Arctic Monitoring and Assessment Programme，AMAP）[76]总结了 1993－2012 年北极 4 个大气监测站 POPs 的时间变化趋势，结果显示大气中 PCBs 的浓度逐渐降低，PCB52 和 PCB101 浓度有所上升，且高浓度的 PCBs 主要出现在夏季。我国内陆西部城市西安市大气中 PCBs 浓度春季变化较大，而夏季较稳定，其四季 PCBs 浓度变化大小排序为春季＞秋季＞夏季＞冬季，与沿海城市大连大气中冬季＞秋季＞夏季＞春季的季节变化规律相反[77]。我国河流湖泊中有机氯农药分布主要以 HCHs 和 DDTs 为主，研究发现有机氯农药在水体中多呈现枯水期高于丰水期的分布特征[78]。张菲娜[79]检测了福建兴化湾河水中的 OCPs，结果显示枯水期 OCPs 浓度明显高于丰水期。夏凡[80]分析黄浦江表层水体的 OCPs 结果略有不同，呈现的季节性分布规律为丰水期＞平水期＞枯水期，主要与丰水期土壤径流和侵蚀作用有关。广西廉州湾和三娘湾∑PAHs浓度在夏季河口水体明显高于海岸带水体，冬季河口和海岸带差异不显著，冬季河口和海岸带∑PAHs明显高于夏季[81]。辽河水体中枯水期PAHs含量高于丰水期，沉积物中PAHs含量除个别样品点丰水季明显高于枯水季外，其余无明显季节性差异[82]。古拉拉河水域中POPs变化在雨季和旱季有显著差异，其中∑OCPs在旱季比在雨季含量略高[83]。捷克莫拉瓦河及其支流水体中挥发性强的PAHs在冬季含量大于夏季[84]，研究发现，萘、蒽、菲等有明显的随水温升高而浓度降低的趋势。

1.2.2.2 空间变异特征

联合国环境规划署表示发展中国家空气中PAHs含量较高[85]。我国大气中的PAHs的分布自城区中心向外逐渐减少，北方城市普遍高于南方城市，沿海低于内陆[86]。大气中PCBs主要以低氯代PCBs（三氯、四氯）为主，区域分布特征总体表现为东部高西部低的特点，高浓度主要分布于人类活动较为频繁、经济较发达的东部和中部区域，城市（350pg·m^{-3}）＞农村（230pg·m^{-3}）＞背景区域（77pg·m^{-3}）。Meijer[87]调查了全球191个背景点表层土壤中的PCBs后发现，最低和最高浓度分别出现在格陵兰岛和欧洲大陆，Li[88]整合全球表层土壤中PCBs的数据后发现，澳洲土壤背景值最低，欧洲、亚洲和北美地区相当，美国中部地区最低。意大利和挪威高寒山地森林土壤中高氯代PCBs十分稳定，主要存储在土壤有机质层，而低氯代PCBs则沿土壤剖面向下迁移，而非向上挥发[12]。不同类型土壤中POPs含量差异显著。张乔楠[89]比较大连市城区、郊区及农村土壤PAHs含量后发现，PAHs浓度由大到小依次为城区、郊区、农村。在不同农用地的土壤中，总有机氯含量排序依次为水田、菜地、林地[90]。POPs疏水性强，在水中溶解度较小。长江中下游饮用水水源地[91]水体和悬浮物中PCBs以低氯联苯占主要成分，沉积物中则更接近高氯联苯，HCHs在三相中均以α-HCH和β-HCH为主。辽河各河段[88]水体中PAHs污染程度呈现太子河＞大辽河＞浑河＞辽河干流的特征，沉积物中为太子河＞浑河＞大辽河＞辽河干流。员晓燕等[78]发现水中PAHs呈现出以分子量小的单体为主，分子量大、环数高的单体含量少的分布特征。陈宇云等[92]发现钱塘江水体中小分子量的PAHs单体占79.5%。深度对水体中PAHs的分布有一定影响，杨清书等[93]在珠江广州段水体中PAHs的垂向分布研究中发现下层水体中高环PAHs含量更高。尼日尔河中HCHs浓度分布为δ-HCH＞β-HCH＞γ-HCH＞

α-HCH[89]。Kim 等[94]研究了韩国主要水系中 HCHs 的分布，发现流经城市的水系水体下游中 HCHs 的浓度高于流经农田的水系，且主要以 γ-HCH 为主，而其他水体下游中浓度很低，沉积物中 HCHs 分布特征则与水体相反，表现为下游中含量较高。捷克莫拉瓦河及其支流水体中 POPs 空间变异性较小，除蒽在工业区河流下游中浓度波动较大外，其余 POPs 在不同地区、不同时间段均无明显差异，水体中低分子 PAHs 含量高于高分子 PAHs[90]。

1.2.3　来源解析

自然界中 PAHs 的来源分为自然源和人为源。自然源主要来自陆地、水生植物和微生物的生物合成过程。人为源是产生 PAHs 污染的主要原因，包括燃烧来源和石油来源。PCBs 是人工合成的有机物，在工业上用作热载体、绝缘油和润滑油等。我国 PCBs 的主要来源有 PCBs 制品（如油漆添加剂、国产变压器油等）、焚烧炉和有关氯化氧化的工艺过程（如脱油墨工艺、造纸漂白等）。20 世纪 50—80 年代 HCHs 作为高效低毒的杀虫剂在我国使用了 30 多年之久，曾是我国产量和使用量最大的农药。据统计，在此期间，约 490 万 t 的 HCHs 进入到了环境中，其中 α-HCH 占 71%[95]。

对环境介质中 POPs 污染源进行识别是 POPs 污染研究中的重要内容，可为污染源治理提供科学依据。目前主要的 POPs 来源解析方法包括轮廓法、特征化合物法、特征比值法、碳同位素法等定性及半定量解析和主成分分析、化学质量平衡模型、非负约束因子模型、逸度模型和正定矩阵模型等定量解析[96]。

Argiriadis 等[97]发现意大利某钢铁厂、国道、城市居民区大气中的 PAHs 主要来源于燃料燃烧和木材燃烧排放。Karla Pozo 等[98]分析冰的局部污染和挥发是南极罗斯海沿海大气中 POPs 的潜在来源。Yao 等[99]利用主成分分析法发现东印度洋沉积物中 PAHs 源自矿石燃烧，HCHs 源自历史农药的使用及新的输入。Kadir Gedik 等[100]采用化学物质平衡受体模型确定电容器和变压器等的废弃物排放是土耳其伊兹密特湾水体和表层沉积物中 PCBs 的主要来源。水体与沉积物中 POPs 的浓度常常会保持动态平衡。李敏桥等[101]将东海水体中 PCBs 和 HCHs 的浓度值和理论正辛醇/水分配系数对比分析指出，水中 HCHs 和三氯联苯、五氯联苯来自其他介质的迁移转化，且可能存在六氯联苯污染输入。江苏 6 个代表性水源地中

PCBs 来源于进口和国产电容器 PCBs 的泄漏和油漆添加剂的使用[102]。张桂芹等[103]利用主成分分析得出钢铁厂周围空气中 PCBs 主要来源于焦化工艺废气排放。山东杨庄煤矿区农田塌陷陷落水域 α-HCH/γ-HCH<0.375，该地区的 HCHs 主要来自林丹的使用[104]。鄂东某地区土壤中 HCHs 同样来自林丹的输入[105]。谭菊[106]对长沙水源地周边土壤中 Ant 含量与 Ant 和 Phe 含量和的比值（Ant /(Ant + Phe)）进行分析后发现土壤中 PAHs 主要来源于燃烧。Noriatsu Ozaki 等[107]利用比值法发现广岛湾沿海空气和水环境中 PAHs 主要来源于柴油和生物质燃烧，轮胎和沥青对污染来源有少量贡献。

1.3　气-水介质中的迁移转化

POPs 在气-水环境体系中的迁移过程一般表现为通过大气干、湿沉降、降水和地表径流、随污水排放等方式进入水体，并产生一系列环境行为。其迁移转化行为包括吸附-解吸、非生物降解（光解、水解、挥发）、生物降解和生物富集等。接下来详细介绍 POPs 在环境中的吸附-解吸及降解过程。

1.3.1　吸附-解吸

吸附作用是分子或小颗粒附着物固定在吸附剂上的吸附与解吸的统一过程[108]。吸附现象的发生源于吸附质与吸附剂分子间的相互作用力。自然环境中 POPs 吸附与解吸行为广泛存在。

大气中 POPs 主要以气相和颗粒相存在，POPs 可通过吸附进入颗粒相，并经解吸挥发进入大气，达到一定吸附与解吸的分配平衡。杨丽莉等[109]采集南京市大气中不同粒径的颗粒物，发现大气颗粒物中吸附的 PAHs 多以 5～6 环的高环为主，且 PAHs 在 $PM_{2.5}$ 上的吸附量较高。Bogan 等[110]发现，菲、芘在 6 种土壤上的老化主要与土壤总有机碳（TOC）含量相关。水体中 POPs 主要被水体悬浮物吸附聚集，通过重力沉降等作用，悬浮物沉积于水底，形成沉积物，而沉积物中的 POPs 则被沉积物中的有机质颗粒吸附[111]。何江等[112]人采集黄河内蒙古段上游悬沙，进行了泥沙吸附芳烃类有机污染物的实验，证明了泥沙对于苯酚、苯胺、氯苯等有机污染物都具有一定的吸附作用。丁辉等[113]采集大沽排污河 12 个站位的表层沉积物样品，进行六氯苯吸附-解吸实验研究。研究发现[114]适当降低 pH 值可以改变腐殖质结构，增强沉积物 POPs 吸附能力，但 pH 值过大或过小均不利于 POPs 的吸附，仅当 pH 值接近 7 时，吸附能力大于解吸能力，吸附力最强。

1.3.2 降解

POPs 的降解作用分为非生物降解和生物降解。

非生物降解的主要途径包括水解、光解及挥发等。水解反应为 POPs 物质在环境中非常重要的转化途径。水解反应可以分为酸催化降解、中性条件下水解和碱催化降解，在其反应过程中可能会有一个或多个中间产物产生，进而破坏母体化合物的结构。光解是指环境中有机物在光的作用下，逐步氧化成低分子中间产物并最终生成 CO_2、H_2O 或者其他离子。光降解过程一般可以分为直接光解、氧化反应及敏化光解[115]。

在自然环境中 POPs 可直接光解或通过羟基、羧基等自由基作用及臭氧氧化作用间接光解。自然光照射下光降解是水体中 PAHs 的主要去除途径[86]。黄焕芳[116]研究了青藏高原 OCPs 的自然降解情况，发现大气中 OCPs 的降解主要为光降解。K Ram 等[117]研究了在模拟太阳光作用下，菲、芘在冰中的直接光解以及光敏化剂作用下的光化学转化，结果表明菲、芘的降解机制主要是直接光解。Bernstein 等[118]通过红外光谱和质谱法研究了冰中萘、蒽、菲、芘、苯并[α]芘等多环芳烃类物质紫外光解的产物，结果表明多环芳烃末端或外围的碳原子会被氧化生成醇、酮或酯类。许多研究集中在 POPs 光降解影响因素的探讨、光降解产物的检测及毒性分析等上。黄国兰等[119]研究了在日光和氙灯光照射下，不同颗粒物（砂粒、黏土粒和煤渣）上的芘、荧蒽及晕苯的光降解行为，发现颗粒物种类、光源和光照强度会影响光降解速率。夏星辉等[120]探讨了黄河泥沙和黄土对䓛、苯并[a]芘、苯并[ghi]芘的光降解规律，结果表明：纯水中其光降解均符合一级反应动力学模型，加入泥沙后光降解符合二级反应动力学模型。泥沙和黄土对光降解速率的影响不同，且泥沙和黄土的含量不同时光降解速率也会随之变化。

生物降解是环境中 POPs 降解的一个重要途径，包括植物降解、动物降解和微生物降解。植物对 POPs 的降解方式包括植物本身对 POPs 的直接降解、植物根系泌酶系统的直接降解和植物与根际微生物的共同作用。动物修复是指环境中的一些大型土生动物和小型动物种群能吸收或富集残留的 POPs，并通过自身的代谢作用，把部分 POPs 分解为低毒或无毒产物。大部分 POPs 可通过微生物去除。自 20 世纪中期起已分离出大量降解 POPs 微生物，主要包括细菌、放线菌、真菌、藻类和原生动物等。目前报道的 POPs 微生物降解途径主要包括厌氧还原脱卤、有氧环境的脱卤及开环矿化和共代谢途径。

1.4 风险评价研究

风险评价以有关化学物毒理学研究、环境监测数据和相应的动物实验与流行病学调查研究资料为基础，以一定方法和原则为依据，来估计特定剂量的化学物对生物体健康和生态产生危害的可能性及其程度大小。其目的是得出一个化学污染物浓度阈值（安全阈值）或风险值，为其对人体健康和生态变化的影响提供科学解释，特别是为相关环境标准或基准的制定提供参考依据。根据承受风险的对象不同，风险评价包括人体健康风险评价和生态环境风险评价。通常由 4 部分组成：危害鉴定、剂量-反应评价、暴露评价和风险表征[11]。

1.4.1 健康风险评价

POPs 可通过多种途径进入机体，由于其高亲脂性，易在脂肪、肝脏等组织器官及胚胎中积聚，从而造成器官及神经系统、生殖系统、免疫系统等急性和慢性毒性，部分种类的 POPs 还有明显的致癌、致畸、致突变等作用。

Yang 等[121]评价土壤中 PAHs 经口、皮肤、呼吸三种暴露途径对人体造成的健康风险时指出，口和皮肤对风险产生的贡献率较高，呼吸几乎可忽略不计，而当同时考虑食物链途径产生的风险时，发现食物链途径产生的健康风险远大于其他三种途径[122]。陈晓蓉等[123]对吉林省长春市和吉林市两个重要工业城市 PCBs 污染土壤的健康风险进行评价，以非致癌风险小于 1，致癌风险小于 10^{-6} 为基准，分析了 11 种 PCBs 的风险值。结果表明，两市工业区工人和居住区儿童、成人的非致癌风险均小于 1，风险水平在可接受范围内，长春市、吉林市居住区儿童的累积致癌风险分别为 $2.74×10^{-6}$ 和 $3.63×10^{-6}$，均超过可接受的最低致癌风险水平，表明土壤中 PCBs 会对儿童健康构成一定危害。李玲等[124]评估宁夏地表水环境中有机氯农药对人体健康产生的危害，发现窖水、水库水、地表水中 HCHs 和 DDTs 的总健康风险评价值分别为 1.27×10^{-12}、3.36×10^{-12}、0.67×10^{-12}，远低于国际辐射防护委员会推荐的最大可接受水平（5×10^{-5}），对人体潜在的健康危害较小。陈瑞等[125]采集了 2018 年每月 10－16 日兰州市两社区大气细颗粒样品，对其 16 种 EPA 优控 PAHs，运用毒性当量浓度和终身超额致癌风险进行毒性评估，结果显示，两社区$\sum_{16}$PAHs 的总终身致癌风险分别为 6.64×10^{-4} 和 4.44×10^{-4}，对兰州市社区居民有一定的健康风险。

1.4.2　生态风险评价

根据不同的毒性效应测试方法，生态风险评价方法包括 3 个层次：以单物种测试为基础的外推法、以多物种测试（微宇宙或中宇宙）为基础的生态风险评价、以种群或生态系统为基础的生态风险模型。目前大部分化学污染物的毒性数据来自个体或组织水平的单物种毒性测试[126]。常用的 POPs 生态风险评价方法有风险熵值法、生态效应区间低、中值法、毒性当量因子法（TEFs）、物种敏感性分布评估法（SSD）、概率密度函数重叠面积法等。

周怡彤等[127]采用风险熵值法对太湖西北部地表水中 12 种农药进行了风险评估，发现某些农药对水生生态环境具有高风险。嘉兴市城市河网水体 PAHs 总体上呈现中度生态风险[128]。高秋生等[129]采用熵值法和效应区间低、中值法评估白洋淀水体表层和沉积物三种 POPs 的生态风险，结果表明研究区尚无明显生态风险。刘洁等[130]采用效应区间低、中值法进行了海南文昌市海港表层沉积物中 PAHs 的生态风险评价，发现该地区 PAHs 单组分潜在生态风险极少产生负面生态效应，$\sum$PAHs 综合生态风险可能性较小，毒性概率小于 10%。衡水湖沉积物中$\sum$PAHs 有同样的生态风险结果[58]。何伟等[131]利用 SSD 模型发现巢湖 γ-HCH 对水中无脊椎动物的生态风险小，对脊椎动物的生态风险大。Ullah 等[132]采集了巴基斯坦的耶鲁姆河、奈勒姆河、庞克河和昆哈尔河四个主要河流的水样，发现 PCBs 潜在生态风险较低。基于效应区间低、中值法，Neff 等[133]发现 PAHs 对鹰港底栖动物有剧毒，但海洋中的 PAHs，尤其是高分子量 PAHs 其生物利用度比预测低得多，因此鹰港沉积物中 PAHs 对底栖动物的毒性也低得多。

1.5 归趋行为研究进展

污染物进入环境后会发生一系列的迁移转化行为，以不同的途径、方式影响人类健康和生态发展，其环境归趋是对其进行有效管理的重要依据。运用模型对环境污染进行分析、预测、模拟和管理，尤其是对大尺度、多介质环境的化合物归趋的模拟和评价，可以系统评价化合物的源汇过程。通过建立数学模型预测有机污染物在环境中的分布和归趋，其理论基础是：有机污染物的理化性质在一定程度上决定其环境行为和归趋。从环境的介质组成角度来看，环境模型包括单介质环境模型和多介质环境模型。单介质环境模型主要是描述污染物在单一环境介质中的行为，而污染物特别是有机污染物在环境中的迁移转化通常发生在多相间，利用多介质模型来模拟其环境归趋更加合理。多介质模型有 EUSES 风险评价模型、多介质环境箱式模型、暴露分析模型系统等[134]。1979 年，Mackay 基于逸度方法提出环境多介质模型，建立了环境相界面的物质交换和相内部的迁移转化过程及相应的质量平衡方程组和相应的各种环境过程简化的模型。逸度模型结构简单、算法简洁、接近实际、二次开发性强，被广泛应用于解析污染物在环境系统中的分布、迁移转化及通过模型计算结果对污染物进行生态风险分析[135]。

随着研究的深入，多介质环境逸度模型在 POPs 的归趋行为研究中不断发展。Jantunen 等[136]以阿拉斯加与俄罗斯间的白令海峡为研究区域（α-HCH 为研究目标物质），建立了大气-水两相间的交换模型，结果表明，20 世纪 80 年代，大气、水两相间的 α-HCH 主要是由大气相迁移进入到水相中。之后，90 年代中期，大气中 α-HCH 的浓度随着 HCHs 开始被禁止使用而降低，海水通过蒸发作用释放 α-HCH。此研究验证了两相间存在相互迁移现象。Breivik 等[137]研究了 1970—2000 年波罗的海地区中 PAHs 和 α-HCH 在环境中的归趋行为，结果表明，模型预测值和实测值吻合良好，建立的 3 个模型也说明了平流输入过程在环境迁移中的重要性。Cropp 等[138]首次建立了南极环境中 POPs 的生态系统-逸度动态耦合模型。Jurado 等[139]使用 Level I 逸度模型评估了 PCBs 中由大气沉降至海洋中的存储量的季节和空间变异性，发现水温、浮游生物、水深等均影响 PCBs 在海洋中的存储量，并通过将水柱沉降通量作为损失计入 Level III 模型比较了海洋表面 PCBs

的负荷量，结果表明沉降通量使海洋表面的 PCBs 存储量远低于其最大容量。Jurado[140]首次将卫星数据与 Level Ⅰ - Ⅲ模型结合模拟了区域和全球尺度上 POPs 在大气和海洋之间的迁移，发现大气-水交换是大气相中 POPs 进入海洋的主要途径，而在某些 POPs 吸附于气溶胶的海域中，干湿沉降占主导地位。多介质环境逸度模型在我国的应用和开发也取得了一定成果。陈春丽等[141]采用逸度模型，预测和模拟鄱阳湖区环境多介质中 PAHs 的分布和归趋，大气相、土壤相及沉积物相中 6 种 PAHs 的计算值与实测值吻合较好。张晓涛等[142]构建了泉州湾 Level Ⅲ多介质非平衡稳态逸度模型，环境各相对 α-HCH 的容纳能力由大到小分别为沉积物、土壤、水及大气，α-HCH 在土壤与沉积物中的储量之和为总储量的 97.42%，在环境相间迁移的过程中，其主要迁移途径为水体向大气的迁移。董继元等[143]利用 Level Ⅲ逸度模型发现兰州地区苯并芘主要来源于大气的平流输入和化石燃料燃烧，土壤是其最大的储库，占总残留量的 99.6%。高梓闻等[144]建立了珠三角地区Ⅳ级环境多介质逸度模型，模拟发现 1952－2030 年间在整个环境介质中 OCPs 由大气分别向土壤和水体、由土壤向水体、由水体向沉积物传输的规律，且 OCPs 最终赋存于土壤和沉积物中。

第 2 章　黄河干流内蒙古段概况

2.1　流域特征

2.1.1　地理特征

黄河自西向东流经青海、四川、甘肃、宁夏、内蒙古、陕西、山西、河南及山东 9 省（自治区），最终于山东省垦利县注入渤海，干流河道全长 5464km，划分为 3 段，河源至内蒙古托克托县河口镇（头道拐）为上游河段，托克托到河南桃花峪为中游河段，桃花峪以下为下游河段。全流域位于东经 95°53′~119°05′，北纬 32°10′~41°50′，总流域面积为 79.5 万 km^2（含鄂尔多斯内流区 4.2 万 km^2）。

黄河内蒙古段地处黄河流域最北端，位于东经 106°10′~112°50′、北纬 37°35′~41°50′之间（图 2.1）。由宁夏石嘴山市和内蒙古乌海市拉僧庙附近流入内蒙古自治区，最终由内蒙古鄂尔多斯市马栅公社以下出境流入山西河曲县旧城，全长约840 km，总落差为 162.5m，平均比降为 0.198‰，区间流域面积为 15.13 万 km^2，约占黄河总流域面积的 19.04%。主要的支流有大黑河、昆都仑河和十大孔兑等，其中，十大孔兑为黄河内蒙古段主要产沙支流，其发源于鄂尔多斯台地，位于三湖河口至头道拐段右岸，河段长 220km，介于东经 108°47′~110°58′、北纬 39°47′~40°30′之间，地势南高北低，均为由南向北流向，经库布齐沙漠，横穿下游冲积平原，以高含沙水流形式汇入黄河干流，造成河槽萎缩、泥沙流凌灾害频发。10个汇口近乎等距离地分布于河段上，10 条洪沟上游较陡，比降约为 1%，下游为冲积平原，坡度突然变缓，平均比降介于 2.67‰~6.41‰之间，由西向东依次为毛不浪沟、仆尔色太沟、黑赖沟、西柳沟、罕台川、壕庆河、哈什拉川、母花河、东柳沟和呼斯太沟。其中毛不浪沟流域面积最大，达 1261km^2，河长最长，为110.9km；壕庆河流域面积最小，为 213km^2，河长最短，仅为 28.6km。

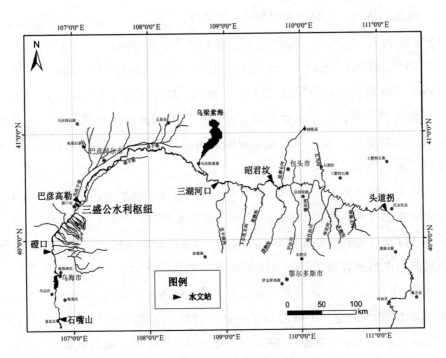

图 2.1 黄河内蒙古段流域概况图

该河段属于典型的中温带季风气候，上下河段温差较大，具有冬季长夏季短、降水量少而不匀、寒暑变化剧烈的显著特点。冬季在 1 月平均气温为 -10～-12℃，最低气温可达 -53℃；夏季温热短暂，多数地区仅为一到两个月，甚至有些地区无夏季，一般情况下 7 月最热，平均温度 16～27℃，最高可达 43℃。受地形因素的影响，降水量自东向西由 500mm 递减为 50mm 左右，年均降水量为 120～400mm，降水集中在 6—9 月，8 月降水量最大。其中河套地区是降水量最小的地区，多年平均降水量在 150mm 左右，杭锦后旗、临河一带多年平均降水量在 150mm 以下，为黄河流域低值区。由于太阳辐射较强，光照充足，该河段蒸发量较大且变化趋势与降水量相反。上游河道的蒸发量远远大于降水量，自西向东由 3000mm 递减到 1000mm 左右，河套地区最大水面蒸发量达到 2000mm。

2.1.2 流域资源概况

黄河内蒙古段流域涉及乌海市、阿拉善盟、巴彦淖尔市、鄂尔多斯市、包头市、呼和浩特市、乌兰察布市等 7 个盟市 41 个旗县区。2015 年流域内总人口为 1252.19 万人，占内蒙古自治区人口的 49.87%；其中城镇人口约 847.69 万人，占全区城镇人口的 55.98%。地区国内生产总值为 13722.19 亿元，占全区的 66.74%。流域内共有自治区级及以上工业园区 41 个，初步形成农畜产品加工基地、煤化工产业基地、钢铁冶炼加工基地、发酵制药产业基地四大产业基地园区，经济发展带动作用明显，是建设国家重要的能源和战略资源基地、农畜产品生产基地的重要支撑。

《内蒙古统计年鉴》显示，2015 年流域内农作物播种面积为 252.69 万 hm^2，其中粮食作物播种面积为 158.16 万 hm^2，有效灌溉面积为 141.71 万 hm^2，营造林面积达 34.08 万 hm^2。农作物播种面积占区内农作物总播种面积的 33.39%；有效灌溉面积占区内总有效灌溉面积的 45.91%。粮食产量为 720.40 万 t，占全区粮食总产量的 23.86%，小麦、玉米、薯类年产量分别为 45.9 万 t、561.25 万 t、95.73 万 t；油料作物产量为 120.96 万 t，占全区产量的 62.49%。农业生产总值为 494.83 亿元，占全区农业生产总值的 34.24%。规模以上的工业企业数量达 2214 家，工业总产值为 11754.15 亿元，占全区的 61.97%。主要工业产品生产中，原煤产量为 66683.79 万 t，焦炭产量为 2910.72 万 t，钢材产量为 1517.25 万 t，发电量为 2581.49 亿 kW·h，分别占区内产量的 73.31%、95.72%、79.97% 和 65.86%。

黄河内蒙古段流域矿产资源丰富，如包头市矿产资源种类繁多，蕴藏量十分丰富，分布集中且易于开采，尤以金属矿产较为独特，其中稀土矿不仅是包头的优势矿种，也是国家矿产资源的瑰宝。包头稀土储量占全国的 84%，世界的 55%，已发现矿物 74 种，矿产类型 14 个。主要金属矿有铁、稀土、铌、钛、锰、金、铜等 30 个矿种，6 个矿产类型；非金属矿有石灰石、蛭石、石棉、云母、大理石、花岗石、方解石、高岭土等 40 个矿种；能源矿有煤、油页岩等。鄂尔多斯已探明煤炭储量 1496 亿 t，约占全国总探明储量的 1/6，约占全区已探明储量的 1/2；也是我国天然气资源的主要集中区，是我国第一个探明地质储量超过万亿立方米的大气区。此外，芒硝矿、石膏、天然碱、高岭土储量分别为 38.05 亿 t、35.54 亿 t、1066.9 万 t、711.7 万 t。

2.2 护岸工程及河流水动力特征

2.2.1 河道概况

2.2.1.1 引黄工程及水利枢纽

黄河内蒙古段自中华人民共和国成立以来陆续增设引黄渠道，并修建水利枢纽，逐渐合并形成三大引黄干渠：总干渠、沈乌干渠和南干渠。其中，总干渠和沈乌干渠为巴彦淖尔市河套灌区供水，总干渠还兼顾生态补水任务，南干渠为鄂尔多斯市南岸灌区供水。北岸建有总干渠进水闸和沈乌干渠进水闸，南干渠进水闸位于河段干流右岸，3 个取水工程均为有坝引水。总干渠进水闸设计取水能力为 565 $m^3 \cdot s^{-1}$，沈乌干渠进水闸设计取水能力为 80 $m^3 \cdot s^{-1}$，南干渠进水闸设计取水能力为 75 $m^3 \cdot s^{-1}$。

黄河三盛公水利枢纽工程位于内蒙古巴彦淖尔市磴口县巴彦高勒镇东南部的黄河干流上，河套平原的西南端，紧邻乌兰布和沙漠，枢纽工程控制流域面积为 31.4 km^2，于 1961 年投入使用。该枢纽工程以农业灌溉为主，兼有防洪、防汛、工业供水、水力发电、交通运输等综合功能。海勃湾水利枢纽位于乌海市境内的黄河干流上，工程左岸为乌兰布和沙漠，右岸为山前倾斜平原，两岸地势均较为平坦。工程于 2010 年 4 月 26 日开工建设，枢纽由土石坝、泄洪闸、河床式电站等建筑物组成，总库容为 4.87 亿 m^3。该枢纽工程除承担防凌、发电任务外，还兼有社会公益性。主库区形成了集黄河、沙漠、湿地为一体的独具特色的自然景观，极大地改善了乌海市及周边沙漠交汇区域的生态环境。

2.2.1.2 河道特征

内蒙古河段主要分为石嘴山-磴口-巴彦高勒-三湖河口-昭君坟-头道拐 5 个河段。石嘴山-磴口河道流向大致为自西南向东北，磴口-包头基本为自西向东，包头至清水河县喇嘛湾由西北向东南，以下至出境总体呈自北向南趋势。由于上游流经黄土高原及沙漠边缘，河水含沙量剧增，因此使河床落淤抬升，河身逐渐由窄深变为宽浅，河道中浅滩湾道迭出，坡度变缓。

石嘴山-磴口河段穿行于右岸桌子山及左岸乌兰布和沙漠之间，长 86.4km，属峡谷河道，河宽约 400m，局部地段达 1000~1300m，河道纵比降为 0.56‰。受右岸山体和左岸高台地制约，平面外形呈弯曲状，弯曲率为 1.5，主流常年基本稳定。该河段内的乌海湖黄河右岸生态景观及护岸工程位于海勃湾水库的右岸城市规划区，自然库岸线长约 18km。堤防形式采用了生态混凝土、格宾石笼等生态护岸形式。

磴口-巴彦高勒河段河长 54.6km，整个内蒙古河段三大主引黄干渠（总干渠、沈乌干渠和南干渠）都集中于该河段。河段中三盛公水库长 54.2km，为平原型水库，库区平均宽 2000m，其主槽平均宽度约为 1000m，河道纵比降为 0.15‰，弯曲率为 1.31。该河段内三盛公水利枢纽堤防总长 22.13km，其中一级堤防长 19.3km，含左岸导流堤 2.8km，右岸导流堤 0.96km，二级堤防长 2.83km。右岸导流堤的黄河滩地及库区围堤两侧营造林约 7000 亩，使得水库枢纽上下河滩稳定，堤防坚固。左岸的护岸工程为坝垛、连坝及格堤，采用铅丝石笼和土工织物铺设，从而减小河道向左大幅度摆动。

巴彦高勒-三湖河口河段河长 221.1km，河身顺直，断面宽浅，水流散乱。河道内沙洲众多，主流游荡摆动剧烈，属游荡性河段。该河段河宽 2500~5000m，平均宽约 3500m，主槽宽 500~900m，平均宽约 750m，河道纵比降为 0.17‰，弯曲率为 1.28。该河段内五原县堤防没有护坡工程，河道主流大部分依偎堤防，一遇凌汛期或大洪水冲击，堤防迎水面就要淘刷、坍陷，时间一长就有决口垮坝的危险。乌拉特前旗黄河林场在 50km 黄河沿岸造林 8.6 万亩，一般依河顺湾，形成了河滩防护林网络，起到了护岸稳滩的作用。此外，从 1998 年开始，乌拉特前旗段在护岸防冲的工作中采用铅丝石笼护岸的做法，保护滩岸免受河水的冲淘，确保堤防工程的安全和稳定。

三湖河口-昭君坟河段横跨乌拉山山前倾斜平原，北岸为乌拉山，南岸为鄂尔多斯台地，河长 126.4km。由于河道宽广，河岸黏性土分布不连续，加之孔兑泥沙的汇入，该河段主流摆动幅度仍然较大，其河床演变特性介于游荡性和弯曲性河段之间。本河段河宽 2000~7000m，平均宽约 4000m。主槽宽 500~900m，平均宽约 710m，河道纵比降为 0.12‰，弯曲率为 1.45。该河段内左岸三湖河口至蓿亥乡之间自 1974 年开始修筑埽石坝垛，至 1984 年修筑 22 个，钢筋混凝土坝垛 9 座。包钢水源地于 20 世纪 60 年代在河中修建了 3 个丁坝和 200m 块石护岸。

昭君坟-头道拐河段自包头折向东南，沿北岸土默川平原南边缘与南岸准格尔台地奔向喇嘛湾，河段长度为 184.1km。平面上呈弯曲状，由连续的弯道组成，南岸有孔兑汇入，北岸有昆都仑河、五当沟两条支流汇入。本河段河宽 1200～5000m，上段较宽，平均约 3000m，下段较窄，平均约为 2000m。主槽宽 400～900m，平均约为 600m，河道纵比降为 0.10‰，弯曲率为 1.42。该河段内托克托县护岸工程始建于 1984 年，先在什四份子段建设的柴石结构护岸工程，由于柴草重量小，柴草中裹土容易走失，护岸效果不佳。1998 年又在什四份子弯道内抛投铅丝石笼护脚，建设了台阶式护岸结构。2001 年和 2003 年分别在东营子和章盖营子新建坡式结构的护岸工程，托克托县建设了 9222m 的护岸工程，起到了有效的束水及护岸作用。土默特右旗林场在沿河岸 40km 长的河滩内造林 5.4 万亩，形成了强大的顺河稳滩生物工程体系。

2.2.1.3　河道冲淤变化

河槽形态的演变受到河槽冲淤变化的影响，根据 2015 年《中国河流泥沙公报》可知，巴彦高勒站和头道拐站为黄海基准面；石嘴山站和三湖河口站为大沽高程。石嘴山站断面 2015 年汛后与 1992 年同期相比，主槽冲刷，两侧淤积，高程 1093.00m 以下（汛期历史最高水位以上 0.65m）断面面积减小 209 m^2。2015 年汛后与 2014 年同期相比，主槽略淤，高程 1093.00m 以下断面面积减小约 79m^2。巴彦高勒站断面 2014 年和 2015 年汛后大断面数据为基上 23m 资料。2015 年与 2014 年同期相比，主槽左冲右淤，高程 1055.00m 以下（汛期历史最高水位以上 0.60m）断面面积减小 204m^2，总体为淤积状态。三湖河口站断面 2015 年汛后与 2002 年同期相比，主槽左移，断面展宽，冲刷加深，高程 1021.00m 以下（汛期历史最高水位以上 0.19m）断面面积增加约 325m^2。2015 年汛后与 2014 年同期相比，主槽左淤右冲，高程 1021.00m 以下断面面积减小 71m^2，总体为淤积状态。头道拐站断面 2015 年汛后与 1987 年同期相比，主槽右移，深泓点淤高，高程 991.00m 以下（汛期历史最高水位以上 0.31m）断面面积减小约 330m^2。2015 年汛后与 2014 年同期相比，主槽左侧淤积，右侧冲刷较深，出现深槽，高程 991.00m 以下断面面积减小 154m^2，总体为淤积状态。综上所述，2015 年黄河内蒙古段水文站各断面均为淤积状态。

2.2.2　流量变化

石嘴山断面作为内蒙古河段的进口控制站，2001－2015 年多年平均来水量为 228.77 亿 m^3，年平均流量为 728.72 $m^3 \cdot s^{-1}$；头道拐断面是内蒙古河段的出口控制站，同时也是黄河上游与下游的分界断面，具有承上启下的作用，2001－2015 年多年平均来水量为 166.61 亿 m^3，年平均流量为 537.14 $m^3 \cdot s^{-1}$。2001－2015 年各水文站年平均流量变化情况如图 2.2 所示。

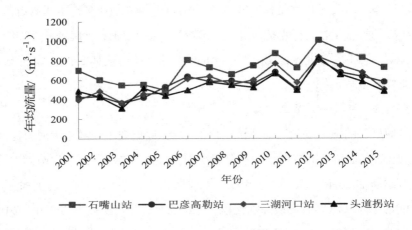

图 2.2　2001－2015 年各水文站年均流量变化

由图 2.2 可以看出，各水文站年均流量变化趋势大致相同，2005 年石嘴山站的平均流量仅为 495.75 $m^3 \cdot s^{-1}$，略低于同时期巴彦高勒站。除此之外，石嘴山站的年平均流量均大于其他 3 个水文站。1987 年来由于上游龙羊峡和刘家峡水库联合运用的影响，内蒙古段各水文站年均径流量沿程整体有所衰减。在 2001－2015 年的 15 年间，石嘴山站、巴彦高勒站、三湖河口站及头道拐站年均流量变化较大，其中年最大流量均出现在 2012 年，分别为 1010 $m^3 \cdot s^{-1}$、804.5 $m^3 \cdot s^{-1}$、836.92 $m^3 \cdot s^{-1}$ 和 828.08 $m^3 \cdot s^{-1}$，其中石嘴山站和头道拐站年径流量分别为 356.9 亿 m^3 和 286.2 亿 m^3，均为 1987－2010 年多年平均年径流量的 1.3 倍。2010 年各站年平均流量出现次高峰值，分别为 874.83 $m^3 \cdot s^{-1}$、683.17 $m^3 \cdot s^{-1}$、770 $m^3 \cdot s^{-1}$ 和 667.67 $m^3 \cdot s^{-1}$。2001－2015 年间，巴彦高勒、三湖河口、头道拐三站的最小年均流量集中在 2003 年，分别为 363.75 $m^3 \cdot s^{-1}$、368.58 $m^3 \cdot s^{-1}$ 和 310.93 $m^3 \cdot s^{-1}$。石嘴山站年均最小值出现在 2005 年, 为 495.75 $m^3 \cdot s^{-1}$, 是最大流量的 49.08%; 巴彦高勒、三湖河口、头道拐 3 站 2003 年的平均流量分别占最高值的 45.21%、44.04%和 37.55%。

影响内蒙古段流量变化的因素主要有人类活动因素和自然条件因素。人类活动因素主要指生产生活用水和水库的联合运行, 其中后者改变了河道水量的年际分配。有研究表明: 水利工程建设和工农业耗水量的不断增加, 致使人类活动对黄河流域径流的影响越来越强烈。自然条件因素主要指气候变化, 包括气温变化、降雨量及下垫面状况等。2003 年内蒙古段虽然降雨量较大, 但黄河全流域枯水, 上游来水大幅度减小, 加之下垫面蒸散发能力增强, 导致当年平均流量为 15 年内最低。2012 年黄河源区流量处于一个明显上升的时段, 此外, 上游多次发生暴雨形成洪水致使内蒙古段年平均流量大大增加。

2.2.3 水沙异源

黄河水少沙多, 水体含沙量大, 河道淤积严重, 自古以来洪水灾害频频, 淤积的河道致使治河防洪工程的效果大打折扣。黄河的水量主要来源于河源, 而泥沙主要来源于中游的黄土高原, 泥沙被水流夹带进入河道, 因此水沙来源相异。内蒙古段河道沿程有毛不浪、西柳沟、罕台川、东柳沟等十大孔兑入汇, 是典型沙漠、河流交互影响的区域。河道含沙量相对较低, 多年平均含沙量为 3.22kg·m^{-3}, 多年平均输沙量为 0.70 亿 t, 夏季汛期及开河期水沙量较大。正是较低的含沙径流为内蒙古段的河套灌区引水灌溉提供了便利的条件。

内蒙古段泥沙具有年内分配不均匀、来水来沙年际变化大、水沙运动不协调等显著特征。石嘴山站、巴彦高勒站、三湖河口站及头道拐站 1973－2017 年输沙量资料显示, 各站月最大输沙量分别为 0.086 亿 t、0.073 亿 t、0.114 亿 t、0.112 亿 t; 最小输沙量分别为 0.008 亿 t、0.005 亿 t、0.004 亿 t、0.003 亿 t, 其中石嘴山站月最大输沙量是最小输沙量的 10.75 倍, 头道拐站月最大输沙量是最小输沙量的 37.33 倍, 与石嘴山站相差 26 倍之多。石嘴山站月输沙量峰值集中在 8－10 月, 最大值出现在 8 月份。巴彦高勒站、三湖河口站及头道拐站输沙量最大值出现在 9 月。

内蒙古段的来水来沙过程存在丰枯相间的年际变化, 年沙量的变化幅度大于年水量的变化幅度。2008－2015 年石嘴山站和头道拐站来水来沙量见表 2.1。作为内蒙古河段进口的控制站, 2008－2015 年石嘴山站年来水量最大为 2012 年,约为 356.9 亿 m³；2009 年来水量最小，仅为 179 亿 m³，前者是后者的 1.99 倍。2012 年输沙量也最大，约为 0.714 亿 t，2015 年输沙量最小，仅为 0.309 亿 t，前者是后者的 2.3 倍。2009 年平均含沙量最大，达 2.69kg·m⁻³；2015 年平均含沙量最小，仅为 1.45kg·m⁻³，前者是后者的 1.86 倍。作为内蒙古河段出口控制站，头道拐站年（2008－2015 年）来水量最大为 2012 年，达 286.2 亿 m³；最小来水量为 2015 年，仅为 142 亿 m³，前者是后者的 2.02 倍。2012 年输沙量最大，达 0.747 亿 t，2015 年输沙量最小，仅为 0.2 亿 t，前者是后者的 3.74 倍。年平均含沙量最大也出现在 2010 年，达 3.10kg·m⁻³，最小则出现在 2015 年，为 1.41kg·m⁻³，前者是后者的 2.2 倍。由此可见，年输沙量的变化幅度略大于年来水量的变化幅度。

表 2.1　2008－2015 年石嘴山站和头道拐站来水来沙量

年份	项目	石嘴山站	头道拐站
2008	输沙量/亿 t	0.441	0.476
	径流量/亿 m³	224.8	164.1
2009	输沙量/亿 t	0.481	0.457
	径流量/亿 m³	179	169.6
2010	输沙量/亿 t	0.519	0.593
	径流量/亿 m³	262.5	191.2
2011	输沙量/亿 t	0.373	0.391
	径流量/亿 m³	241.2	162.9
2012	输沙量/亿 t	0.714	0.747
	径流量/亿 m³	356.9	286.2
2013	输沙量/亿 t	0.486	0.604
	径流量/亿 m³	283.8	209.8
2014	输沙量/亿 t	0.398	0.4
	径流量/亿 m³	252.8	175.8
2015	输沙量/亿 t	0.309	0.2
	径流量/亿 m³	213	142

研究表明：石嘴山站径流和输沙量的变化周期一致，说明黄河干流在进入内蒙古河道之前表现为水沙变化相协调特性；而头道拐站的径流和输沙量变化的周期具有不一致性，说明黄河干流在内蒙古段内表现出水沙运动不协调性，河道属于非平衡输沙，来沙量和水流挟沙能力的不协调性易引起河道的冲淤变化。

内蒙古段泥沙除了上游输入外，风成沙、十大孔兑汇入是泥沙的重要来源。河段内的乌兰布和沙漠是中国第八大沙漠，该区域风沙天气频繁，风害多为西北风、西风、西南风，大风时间主要集中在 3—5 月，全年风沙日数大于 80d，年平均扬沙日数大于 30d。大量风沙进入黄河干流，有研究表明：乌兰布和沙漠每年由风沙流带入黄河的泥沙约为 1.78 亿 t。与乌兰布和沙漠有所不同的是库布齐沙漠的风成沙并非直接进入黄河，而是在冬春风季先进入十大孔兑并在孔兑内堆积，遇到暴雨或洪水泥沙才被带入黄河。

十大孔兑由于其特殊的地理位置，加上河长相对较短坡陡，降雨主要以暴雨形式出现，造成高含沙量的洪水陡涨陡落，洪水涨落时间一般仅有短短的 10h 左右，加之泥沙高度集中，上游龙羊峡和刘家峡两库的运用，洪峰流量有所消减难以将干流的泥沙冲开，因此极易引起黄河干流的淤堵。

十大孔兑来水来沙主要有年内分配不均匀、入黄沙量大等特点。十大孔兑的汛期洪水多发于 7 月上旬到 8 月下旬，且一次洪水携带的沙量占全年的 35%～99%，因此 7—10 月沙量占年沙量的 98% 以上。资料显示，1960—2012 年十大孔兑多年平均来沙量为 0.243 亿 t，而汛期来沙量就高达 0.239 亿 t，占全年沙量的98.4%。来沙量大，干流对其高含沙量洪水的稀释作用减弱，水沙运动不协调。如1989 年 7 月 21 日，十大孔兑因暴雨产生径流为 2.5 亿 m^3、输沙量为 1.13 亿 t 的高含沙洪水，而黄河干流流量为 1000 $m^3 \cdot s^{-1}$ 左右，在入黄口形成长约 600m、宽约7km、高约 5m 的沙坝，堆积泥沙约 3000 万 t，导致昭君坟水位壅高 2.18m，历时25d 河段内仅排沙 1300 万 t，河段当年淤积严重，沿程同流量水位普遍抬高。

2.2.4 冰情与凌汛

凌汛是河道中的水流受到冰凌阻力或冰堆积影响产生的一种水文现象，其形成一般需具备以下四个条件：①有足够的流冰量和积冰量在河道内，温度在 0℃以下，水体中产生流冰和冰盖，加之与水流相互作用，进而产生凌汛现象；②河道两岸阻碍冰凌下泄的条件，河道两岸的防护工程会对凌汛造成影响；③特殊的气候条件和地理位置；④寒潮和冷空气入侵，寒潮带来的降温强度、频率及持续时间影响凌汛和开、封河的早晚。

2.2.4.1　冰凌特征

黄河内蒙古段流凌一般始于 11 月中下旬，12 月上旬开始进入稳封期，次年 3 月上旬开始解冻，整个冰期为 3～4 个月，最长达 150 多天。由于特殊的地理位置和气候特征，该河段冬季封河顺序为自下而上，分段封河。每年流凌开始位置常出现在三湖河口到头道拐河段，首封位置也多出现在此。1957－2005 年资料显示，流凌最早时间为 1972 年 11 月 2 日，最晚为 1994 年 12 月 2 日；首封时间最早为 1969 年 11 月 7 日，最晚为 1999 年 1 月 11 日。1989 年万家寨水库启用后，首封位置向下游延伸至包头到头道拐之间。多年来内蒙古河段封冻距离约为 800km，冰层平均厚度约为 0.7m，最大冰厚超过 1m。春季开河时，上游气温高，加之大量槽蓄水量下泄释放，使得开河自上而下。开河一般先从巴彦高勒站开始，最早开河时间为 1979 年 2 月 10 日，最晚开河时间为 1977 年 3 月 27 日。

研究表明：内蒙古河段一方面受凌期气温升高的影响，另一方面由于流量增大，二者的综合作用导致流凌、首封日期逐渐推后，而开河日期逐渐提前，每 10 年流凌日期推后约 1 天，首封日期推后约 2 天，开河日期提前约 3 天。石嘴山、巴彦高勒、三湖河口、头道拐水文站封冻天数多年均值由 20 世纪 90 年代前的 61 天、97 天、110 天、104 天减小为 20 世纪 90 年代后的 37 天、77 天、99 天、93 天。

2.2.4.2　主控因素

黄河内蒙古段凌汛的影响因素主要分为：动力因素、热力因素、河势因素及人为因素。

（1）动力因素主要包含流速、流量、水位等。流速大小直接影响成冰条件、冰凌输移及下潜卡塞等。流速、流量、水位三者之间存在一定的函数关系，流量本身具有热能量，水温相同的条件下，流量越大，水体中的热能量就越多，在气温相同的条件下结冰也越晚。因此，流量成为影响冰情变化的主要水力因素。凌汛虽始于冰却成于水，本质是河道流量的变化。在解冻时，水位的涨落影响开河形式，当水位变化较为平缓时，大部分冰就地融化，形成"文开河"，若水位骤涨，冰盖受到水流冲击，形成"武开河"。此外，流域冬春季节受到冷高压控制，多为偏北风，风力能够延缓封河而促进开河。

（2）热力因素为太阳辐射、寒潮冷空气活动、气温、水温变化等条件。太阳辐射决定了大气温度，而水温和冰温受到气温的影响，因此，气温是表征热力情况及冰情演变的基本热力要素。气温的高低决定了冰情特点，由于黄河内蒙古段海拔均在千米以上，距离海洋远，暖湿气流难以到达，冬季受蒙古冷高压控制，加上高空西北气流的引导，会受到大陆冷空气南侵的影响，气温较低，而河道走向由南向北，因此气温变化呈现出上游高下游低，且下游降温比上游早的特点。寒流最大的特点就是气温骤降，主要来自西方、北方和西北方，其中北方寒流降温最多，而西北方寒流袭击最频繁。根据统计，黄河内蒙古段受寒流入侵每年最多可达 7~8 次，平均每年 3~5 次，其中最早的寒流入侵在 11 月，但 1 月发生的频率最高。此外，水体本身具有热量，流量越大，水体内积蓄的热量也就越高，气温相同的条件下，结冰日期也就越晚。

（3）河势因素即河道形态特征，与河道所处的地理位置有关。内蒙古河段自石嘴山以下穿行于峡谷间，两岸陡峭，河身狭窄，解冻开河时，流冰常在狭窄弯曲处受阻卡结冰坝，造成涨水，最大可达 6m 以上，如九店湾和李华中滩等处。下游河身逐渐放宽，河道多夹心滩，分流窜沟。到巴彦高勒以下河身更宽，浅滩和弯道更多，平面摆动较大，到达包头段虽然河宽有所缩减，但坡度更为平缓，弯曲更多，多为畸形大弯，巴彦高勒至托克托之间大弯有 69 处，最大弯曲度可达3.64，坡度平缓，多为岔河，水流较为散乱，河势不顺。解冻开河时，在曲弯处及由宽变窄的狭窄段容易卡结冰坝。弯道上表层水流流速较快冲向凹岸，底层水流仍旧流向凸岸，因此造成横向环流，产生明显的横比降，使得滩嘴延伸至河中，束窄了过水断面，曲弯更盛，冰凌流路更加不畅，而在一些比较顺直的河段，坡缓多岔，也会使得流冰搁浅。巴彦高勒以下河床极不稳定，平面摆动很大，原因是上游的来水含沙量较大，河道平缓使得泥沙落淤，河床逐渐抬高。因土质较为松散，凹岸的冲刷加剧，并连续发生作用使弯道增多引起主槽摆动。另外人工裁弯、挑流护岸和人工扒口等都会引起主流的平面摆动。河势的频繁变动为解冻开河时流冰不畅提供了客观条件。

（4）人为因素主要包括水库控制泄流量不当、冬季涵闸引水、停水不当以及浮桥未及时拆除等。例如 1989 年 3 月内蒙古磴口扬水站上游 1000m 处，因浮桥未及时拆除，桥上凌块受阻停滞，引起卡冰壅水，浮桥以上水位雍高，站前水位达 1000.76m，浮桥以下流速增大，数千米范围内未封。当开河前浮桥拆除后，桥上巨大的冰盖整体滑动，在扬水站下的弯道处，卡冰结坝，水位猛涨，出现险情。

以上所述动力因素、热力因素、河势因素和人为因素中，河势因素相对年内变化较小，但多年变化大，而热力因素和动力因素相互制约，在一定条件下相互转化，构成了复杂的冰情，造成了不同程度的凌汛。

2.3 水功能区划和排污及水质情况

2.3.1 水功能区划

水功能区划是指为满足水资源合理开发和有效保护的需求，根据水资源的自然条件、功能要求和开发利用现状，按照流域综合规划、水资源保护规划和经济社会发展的要求，在相应水域按其主导功能划定并执行相应质量标准的特定区域。水功能区的划分采用两级体系，即一级区划和二级区划。一级水功能区分为保护区、保留区、缓冲区、开发利用区。二级水功能区划是对一级区的开发利用区进行进一步划分，分为饮用水水源区、工业用水区、农业用水区、渔业用水区、景观娱乐用水区、过渡区、排污控制区。

黄河不仅是河套灌区农田的灌溉水源，同时也是呼和浩特、包头、鄂尔多斯等城市及城镇饮用水和工业用水水源。呼和浩特市划分一级水功能区 13 个，其中，保护区 8 个，保留区 1 个，缓冲区 4 个；划分二级水功能区 18 个，其中饮用水源区 1 个，工业用水区 2 个，农业用水区 9 个，过渡区 3 个，排污控制区 3 个。呼和浩特市 3 个典型农业用水区分别为：大黑河托克托县农业用水区、浑河清水河县农业用水区及宝贝河和林格尔县农业用水区。2017 年水质监测情况表明：浑河清水河县农业用水区水质较 2016 年变好，但水质依旧不达标；宝贝河和林格尔县农业用水区和大黑河托克托县农业用水区水质略有下降。

包头市划分一级水功能区 8 个，其中保护区 2 个，保留区 1 个，开发利用区 5 个；划分二级水功能区 8 个，其中饮用水水源地 3 个，工业用水区 1 个，农业用水区 2 个，过渡区 1 个，排污控制区 1 个。包头市 3 个集中式饮用水水源地分别为：昭君坟水源地、画匠营子水源地和磴口水源地。研究表明：3 个集中式饮用水水源地均未受到有机物和重金属污染，包头市黄河水质达标率一直在较高水平。

鄂尔多斯市划分一级水功能区 41 个，其中保护区 5 个，保留区 1 个，缓冲区 12 个，开发利用区 23 个；划分二级水功能区 25 个，其中饮用水水源地 3 个，工业用水区 5 个，农业用水区 16 个，过渡区 1 个。鄂尔多斯市黄河南岸农业灌溉为最大用水户，二级水功能区中农业用水区数量较多，如西柳沟达拉特旗农业用水区、毛不浪沟杭锦旗农业用水区和十里长川准格尔旗农业用水区等，其中十里长川准格尔旗农业用水区监测河长 55.7km，不仅是农业用水区而且还兼顾工业用水。

2.3.2 排污口分布及种类

随着黄河流域社会、经济和人口的快速发展，用水量不断增加，排入黄河的污废水量逐年加大，水体稀释自净能力降低，在一定程度上限制了流域经济和社会的发展，加强对入河排污口的检测治理迫在眉睫。

黄河内蒙古段直接入黄排污口（沟）共 19 个，黄河左岸 11 个，占总数量的 57.9%；右岸 8 个，占总数量的 42.1%。其中，乌海市境内 6 个，鄂尔多斯市境内 4 个，巴彦淖尔市境内 1 个，包头市境内 6 个，呼和浩特市托克托县境内 2 个。从排污口类型上看，常年排污口 17 个，占 89.5%；间断排污口 2 个，占 10.5%。从排放方式上看，暗渠排放 6 个，占 31.6%；明渠排放 13 个，占 68.4%。从污水性质上看，工业污水排放口 8 个，占 42.1%；生活为主混合污水排放口 3 个，占 15.8%；工业为主混合污水排放口 8 个，占 42.1%。各排污口的几何形状主要有梯形、圆形及不规则形状。

包头市境内的主要排污口有昆都仑河排污口、西河槽排污口、东河槽排污口，均在黄河左岸，排放类型为明流。昆都仑河为包头市区最大的排污河，排放的污水为工业废水，是包头市钢铁厂的主要排污口，位于包头市全巴图乡三艮才村，该河流上游的固阳造纸厂常年将污水排入该河流中，大部分废水经沿途渗漏、蒸发基本不排入黄河，下游主要接纳包头钢铁稀土集团公司和包头明天科技股份有限公司山泉化工厂的工业废水，最终汇入黄河。2001—2010 年，昆都仑河年均污废水排放流量为 3658 万 t，主要污染物 COD 排放超标。西河槽、东河槽排污口排放的污水主要为工业为主的混合污水及农业灌溉退水，前者位于包头市九原区毛凤章营村，后者位于河东乡河东村。西河主要接纳九原区二道沙河镇和东河区西部的工业废水、生活污水及农业灌溉退水；东河主要接纳东河区东部工业废水、生活污水及农业灌溉退水。2001－2010 年，西河槽年均废污水排放流量为 $0.86m^3 \cdot s^{-1}$，年废污水排放量为 2712 万 t；东河槽年均废污水排放流量为 $0.58m^3 \cdot s^{-1}$，年废污水排放量为 1829 万 t，主要污染物 COD、氨氮排放均超标。

鄂尔多斯市境内有 4 条排污河，分别为达拉特旗电厂排污口、黄牛营子总排污口、东柳沟及呼斯太河。其中，达拉特旗电厂排污口为最大排污河，废水排放量为 7 万 $m^3 \cdot d^{-1}$；东柳沟约有 0.13 万 $m^3 \cdot d^{-1}$ 排入黄河中；呼斯太河废水排放量为 1 万 $m^3 \cdot d^{-1}$，排污河均为 V 类水质。

巴彦淖尔市乌拉特前旗境内的乌梁素海，是内蒙古河套灌区的主要退水口，其接纳的农业灌溉退水、工业废水及生活污水，经过湖泊的调节和生物生化作用后，通过乌毛计泄水闸经总排干沟出口段泄入黄河。2001－2010 年均排水流量为 $5m^3 \cdot s^{-1}$，年污废水排放量为 1.58 亿 t，主要污染物为 COD、氨氮。

2.3.3　水质变化状况

根据《黄河水资源公报（2015）》，2015 年黄河干流评价河长 5463.6km，年平均符合 I 类、II 类水质标准的河长占评价总河长的 83.1%，符合III类水质标准的河长占 16.0%，符合IV类水质标准的河长占 0.9%。评价项目包括：溶解氧、化学需氧量（COD）、挥发酚、氨氮、重金属等。内蒙古河段主要污染物为氨氮、COD_{cr}、TP、挥发酚、氟化物和汞，其中氨氮年入黄量为 4191.7t；COD_{cr} 年入黄量为 31454.1t；TP 年入黄量为 139.7t；挥发酚年入黄量为 118.1 t；氟化物年入黄量为 455.9 t，汞年入黄量为 0.0925 t。

2010－2015 年，石嘴山断面、画匠营断面、磴口断面和头道拐断面的水质年均达标率分别为 9.7%、56.95%、36.10%、31.93%、40.27%，主要超标项目为氨氮和化学需氧量。其中，2010 年和 2011 年，各断面的年均水质类别均为IV类；2012 年昭君坟断面年均水质类别为III类，而其他 4 个断面仍为IV类。2013 年除石嘴山断面外，其余断面均为III类水质，而 2015 年所有断面的年均水质类别均达到III类。

除上述典型的无机污染物和重金属污染物外，POPs 所产生的环境危害也不容忽视。黄河兰州段位于内蒙古段上游，兰州段水质的好坏会对下游内蒙古段产生直接影响。有研究表明：黄河兰州段有机物污染比较严重，有 89 种有机物被检出，其中有 10 种为环境激素类污染物，6 种为美国 EPA 优先控制污染物，6 种为中国优先控制污染物。此外，上覆水、悬浮物及沉积物三相介质中均有 PAHs、HCHs 等持久性有机污染物被检出，PAHs 与国内其他地区来源存在差异，不仅来源于化工产业的燃烧，还通过沙尘暴进入水体中。由于农业发展的需要，兰州段流域内农药的使用和生产也导致水体中含有以 HCHs 和滴滴涕为代表的有机氯农药。黄河是兰州地区重要的水源，承担流域内城市居民生活用水和工农业发展供水的任务，水体的污染不仅破坏河流生态系统，威胁人体健康，更加剧了下游内蒙古段水体污染。

内蒙古段农业发展历史悠久，虽然 HCHs 等有机氯农药在 20 世纪 80 年代已被禁止使用，但由于长残留性和高生物富集性，土壤中仍有大量残留，并随农田灌溉退水进入黄河干流。流域内煤炭、金属矿等自然资源丰富，工业企业分布广泛，工业污废水及废气排放、废弃物处理不当，造成 PCBs、PAHs 等持久性有机污染物进入黄河水体，加之上游兰州段的输入，使得内蒙古段污染物残留浓度升高。因此，有必要对内蒙古段 POPs 在冰相、上覆水、悬浮颗粒及沉积物中的吸附解吸机理、时空分布特征、迁移机制和环境归趋行为、风险评价做进一步研究。

第 3 章　样品采集及处理分析方法

3.1　采样断面布设及样品采集

3.1.1　采样断面布设

为了更全面真实地了解内蒙古段的实际污染水平,经过资料收集和实地考察,选择了拉僧庙、下海勃湾、三盛公、西乌拉壕、三湖河口、昭君坟、画匠营子、西河、磴口、大城西、五犋牛尧、将军尧、头道拐和喇嘛湾 14 个站点作为监测断面(图 3.1、表 3.1),同时为了进一步探讨目标污染物沿采样垂线的纵向分布特征,选取头道拐断面(图 3.2)作为连续监测断面。头道拐断面平均河宽为 300m,根据采样垂线的布设原则,当水面宽度在 100m 以上时,在该断面上布设左、中、右 3 条采样垂线(1 条中泓垂线,左、右两岸有明显水流处各设置 1 条垂线),如图 3.2 所示。

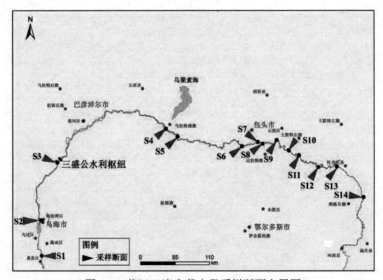

图 3.1　黄河干流内蒙古段采样断面布置图

表 3.1 黄河内蒙古段采样断面描述

采样断面	描述	位置
S1：拉僧庙断面	附近有化工厂	39°18′16.08″N 106°47′55.46″E
S2：下海勃湾断面	靠近能源重化工工业区，有化工、冶金等企业	39°41′26.49″N 106°47′07.52″E
S3：三盛公断面	附近没有排放源	40°18′40.01″N 107°01′44.54″E
S4：西乌拉壕断面	位于乌梁素海退水口的上游	40°40′14.51″N 108°35′50.18″E
S5：三湖河口断面	位于乌梁素海退水口的下游，退水河道上游有番茄厂、造纸厂、化工厂等企业	40°35′14.53″N 108°45′45.40″E
S6：昭君坟断面	昭君坟断面为国控断面，处于包头段的上游	40°29′07.56″N 109°41′25.32″E
S7：画匠营子断面	画匠营子断面位于昆都仑河及四道沙河的下游，其中包头钢铁厂的工业废水流入昆都仑河中，四道沙河主要接纳包头生活污水	40°31′47.78″N 109°55′15.73″E
S8：西河断面	收纳包头市生活污水	40°30′43.10″N 109°59′31.38″E
S9：磴口断面	磴口下游 200m 有糖厂排污沟	40°33′07.35″N 110°11′35.26″E
S10：大城西断面	接近煤炭开采区	40°26′24.67″N 110°22′08.39″E
S11：五犋牛尧断面	附近没有排放源	40°23′24.82″N 110°30′59.54″E
S12：将军尧断面	附近没有排放源	40°15′49.59″N 110°47′48.55″E
S13：头道拐断面	上游有造纸厂、焦炭厂等企业	40°16′03.00″N 111°03′45.00″E
S14：喇嘛湾断面	上游有造纸厂、焦炭厂等企业	39°56′20.61″N 111°26′46.31″E

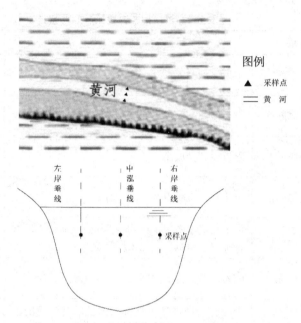

图 3.2　头道拐断面采样点位置示意图

3.1.2　样品采集

畅流期时所设每条垂线处水深均小于 5m，根据采样点布设原则，用卡盖式水样采集器采集水面下 0.50 m 水体样品。冰封期在清扫冰盖表面覆盖物后，用冰锯将冰体垂直切割成正方形，再用冰凿将正方形槽内冰体按 1/2 冰厚凿碎，依次取出上下层冰样，然后分别放入不锈钢桶中，同时采集冰下水体样品保存在配有毛口瓶塞的棕色玻璃瓶中。沉积物采样垂线与水样对应，采样断面为 0～20cm 的表层，用自制的不锈钢采集器采集，样品用铝制盒式容器存储。

所有玻璃器皿先用超声波清洗，再用铬酸洗液浸泡过夜，在使用前依次用自来水、超纯水洗净烘干，再用丙酮和二氯甲烷等有机溶剂润洗。采样过程中要避免使用塑料及橡胶制成的工具。取样后要贴上标签，标注采样断面、采样时间、采样编号等内容，样品运输过程中应避免阳光直接照射，保证样品到达实验室前不受污染。回到实验室应避光保存，并在 7 天内进行前处理工作，预处理后的样品应避光于 4℃以下冷藏，在 40 天内完成分析测量。

3.2 预处理方法

3.2.1 水样中 HCHs 及 PCBs 的预处理

固相萃取技术于 20 世纪 70 年代开始使用，并逐渐代替了液液萃取技术。固相萃取技术的原理为：水样通过装有吸附剂的聚丙烯小柱，通过吸附作用，将水中目标物质保留，然后用氮气干燥小柱，接着用有机溶剂洗脱。由此可见对于吸附剂的选择是相当重要的，吸附剂的选择受多方面因素的影响，常取决于自身、水样、有机溶剂及目标污染物的性质。因此所选用的吸附剂应为非极性、非多孔的物质，而且比表面积应较大，以免产生不可逆吸附或样品的损失，继而影响预处理的效果。固相萃取具有以下优点：操作简单，用时短，速度快，一般为液液萃取的一半，成本低；萃取和浓缩过程一步完成；不产生乳化现象；有机溶剂用量小；回收率较高，重现性好。具体步骤如下：

（1）活化：用 10mL 丙酮、10mL 正己烷、10mL 2%的乙醚水以 1L·min^{-1} 的速度对 SPE 柱进行活化，为了提高 SPE 柱的萃取效果，上样前 SPE 柱保持湿润。

（2）样品富集：20mL 乙醚加入过滤后水样 1000mL 中，以 5mL·min^{-1} 的速度上样。

（3）干燥：真空抽滤 10min，或用高纯氮气吹 10min。

（4）淋洗：用 5mL 丙酮，10mL 正己烷淋洗 SPE 柱。收集淋洗液，上述淋洗液用高纯氮气浓缩定容至 1mL，以备色谱分析。

3.2.2 悬浮物、沉积物中 HCHs 及 PCBs 的预处理

索氏提取法能够保证样品与有机溶剂完全接触，先将固体样品进行冷冻、干燥、研磨过筛，以增加液体浸溶的面积，然后将样品放入滤纸内，置于萃取室中，加入适当的溶剂，在索氏提取仪中完成提取。利用回流和虹吸原理，使样品连续被溶剂萃取。通过水浴加热，待溶剂沸腾后，蒸气通过导气管上升，遇冷凝水形成液体，滴入提取器中。当液面超过虹吸管最高处时，发生虹吸现象，溶液回流入烧瓶，萃取出溶于溶剂的目标污染物。

（1）冷冻干燥。用锡纸把沉积物样品包装后置于冰箱中，使其冷冻 8h 以上，待完全冻结后取出，将其放入预冷半小时以上的冷冻干燥机中，使其冷冻干燥 24h 取出。悬浮物样品需将水样经过 0.45μm 的滤膜过滤后，烘干至恒重获得，冷冻干燥方法同沉积物。

（2）提取。样品中目标物质的提取采用索氏提取法。提取步骤如下：用 100mL 的正己烷将索氏提取器预洗 12h。将冷冻干燥好的样品研磨，然后用 80 目筛将研磨后的样品进行筛分，取 20 g 过筛后的样品放入滤纸筒内并将其置于索氏提取器套筒内，用 200mL 的正己烷、丙酮 1:1 的溶液提取，在 51℃恒温水浴提取 24 h。将提取液用旋转蒸发器进行浓缩，浓缩至约 1mL，备净化处理。

（3）净化。用成品弗罗里硅土柱将目标化合物与杂质分离的操作步骤：用 30mL 丙酮和 20mL 正己烷活化柱体，活化的速度为 5mL·min^{-1}。将旋转蒸发仪浓缩后的样品通过弗罗里硅土柱，速度为 1 滴·s^{-1}。依次用 15mL 正己烷溶液、15mL 正己烷和 2%丙酮的混合液对上样后的弗罗里硅土柱进行淋洗，收集淋洗液。将收集的淋洗液用高纯氮气浓缩，使其定容至 1mL，然后进行色谱分析。

3.2.3　冰样、水样中 PAHs 的预处理

参照《水质 多环芳烃的测定液液萃取和固相萃取高效液相色谱法》，选择固相萃取方法对水及冰体样品进行预处理，通过优化预处理方法，选择萃取剂体积及过柱流速等相关参数，最终确定水样及冰样的预处理方法。具体提取步骤如下：

（1）样品的过滤。水样和融化后的冰样均经过 0.45 μm 的滤膜过滤后，加入 5.00 g 氯化钠、10 mL 甲醇和 20 μL 十氟联苯回收率指示物，混合均匀。

（2）SPE 柱的活化。依次用 10mL 二氯甲烷、10mL 甲醇、10mL 蒸馏水以 1mL·min^{-1} 的速度活化 C18 柱，活化过程中不要让 SPE 柱干涸。

（3）样品的富集。用已活化好的 C$_{18}$ 柱富集样品中的目标污染物，之后用高纯氮气干燥柱床 10 min，最后用 10 mL 二氯甲烷洗脱待测组分，收集洗脱液并浓缩至 2 mL，以备气相色谱分析用。

3.3 色谱分析方法

3.3.1 HCHs 及 PCBs 色谱分析条件

样品中多环芳烃用 GC-ECD 进行检测，色谱柱为 SPB-1 色谱柱（30m×0.32mm×0.25μm），以高纯氮气(99.999%)作为载气，流速为29.40mL·min^{-1}。进样口和检测器温度均为300℃；进样量为1μL；升温程序：起始温度120℃（保持 18min）→240℃（10℃·min^{-1}，保持 20min）。采用外标法峰面积定量，HCHs 和 PCBs 的色谱出峰顺序如图 3.3 所示。

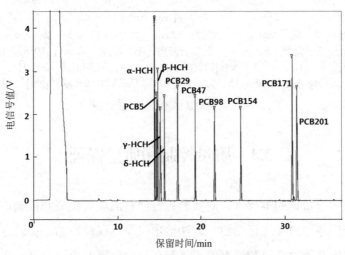

图 3.3 HCHs 与 PCBs 分离色谱图

3.3.2 PAHs 色谱分析条件

样品中多环芳烃用 GC-FID 进行检测，色谱柱为 CP-Sil 5CB（30m × 0.25mm×0.39μm），以高纯氮气（99.999%）作为载气，流速为 29.40 mL·min^{-1}；燃气为 H$_2$，流速为 30.00 mL·min^{-1}；助燃气为空气，流速为 300 mL·min^{-1}。进样口和检测器温度均为 300℃；进样量 1 μL；升温程序：80℃→255℃（6℃·min^{-1}，保持 3 min）→265℃（1℃·min^{-1}，保持 1min）→290℃（2.5℃·min^{-1}，保持 11 min）。

采用内标法峰面积定量，PAHs 的毛细管柱 GC-FID 色谱出峰顺序如图 3.4 所示。

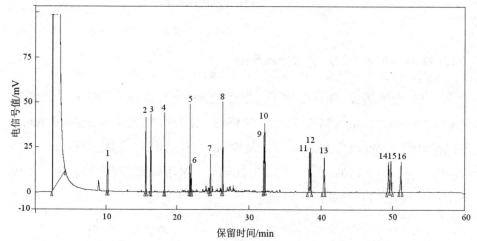

1—萘（Nap）；2—苊（Acy）；3—二氢苊（Ace）；4—芴（Fl）；5—菲（Phe）；
6—蒽（Ant）；7—荧蒽（Fla）；8—芘（Pyr）；9—苯并[a]蒽（BaA）；10—屈（Chr）；
11—苯并[b]荧蒽（BbF）；12—苯并[k]荧蒽（BkF）；13—苯并[a]芘（BaP）；
14—茚并[1,2,3—cd]芘（IcdP）；15—二苯并[a,h]蒽（DahA）；16—苯并[ghi]苝（BghiP）

图 3.4　PAHs 的 GC-FID 色谱图

3.4　质量控制和质量保证

为了保证实验数据的准确性，对实验进行严格的质量保证和控制，内容包括实验方法的全程序空白、加标空白、方法检出限及重现性控制。实验方法的全程空白用以证明所有玻璃器皿和试剂的干扰都在控制范围之内。配制一系列不同浓度的标准溶液，实验中以峰面积定量，保留时间定性，同一个标准样品要连续做两个平行样，结果证明两个峰面积的相对标准偏差均不大于 5%（拟合图见图 3.5～图 3.7）。实验过程中每批样品的 10% 均要进行平行双样测定，并进行加标回收率实验。HCHs 及 PCBs 方法检出限为 0.21～1.01ng·L^{-1}（以 3 倍信噪比计算），加标回收率为 79%～104%，相对标准偏差为 2.20%～11.64%；16 种 PAHs 的方法检出限的范围为 4.00～13.50ng·L^{-1}、加标回收率为 80.30%～106.10%，方法的相对标准偏差 RSD 范围为 1.20%～4.90%。满足回收率为 70.00%～110.00% 的要求，符合 RSD＜30%。结果表明实验方法是准确合理的。

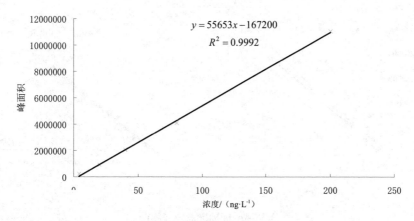

图 3.5　HCHs 标准曲线

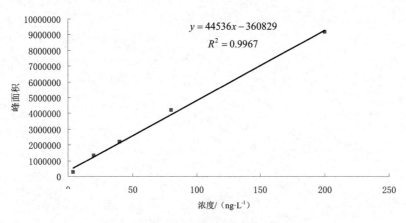

图 3.6　PCBs 标准曲线

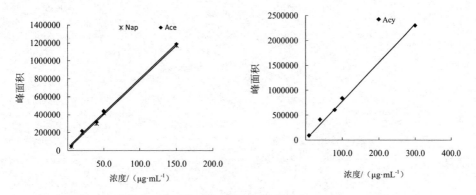

图 3.7　PAHs 标准曲线

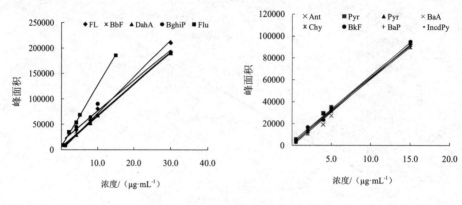

图 3.7　PAHs 标准曲线（续图）

第4章　水沙协同运动过程中 PCBs 和 HCHs 的时空变异特征

PCBs 和 HCHs 是一类普遍存在的持久性有机污染物,在河流中可结合悬浮颗粒物及沉积物等各种介质。由于 PCBs 和 HCHs 具有疏水亲脂等性质,它们能够通过生物链累积并不断富集放大,进而对生物造成严重威胁,因此 PCBs 和 HCHs 引起的环境和生态污染已引起广泛关注。对于黄河内蒙古段 PCBs 和 HCHs 的研究目前主要集中在水体中,悬浮物和沉积物中 PCBs 和 HCHs 的研究较少。

本章在采集分析黄河内蒙古段上覆水、悬浮物和沉积物样品的基础上,对 PCBs 和 HCHs 的赋存水平、组成特征和时空分布进行了研究,同时探讨了赋存水平与环境因子的相关性及 PCBs 和 HCHs 的来源,以期为黄河内蒙古段复杂环境中 PCBs 和 HCHs 的综合治理提供理论参考。

4.1　上覆水-悬浮物-沉积物中的污染特性

4.1.1　赋存水平

黄河内蒙古段选择 S1(拉僧庙)至 S7(画匠营子)、S9(磴口)、S13(头道拐)及 S14(喇嘛湾)10 个采样断面为研究河段,于 2014 年 5 月采集上覆水、悬浮物和沉积物样品,样品数总计 340 个,其中上覆水 120 个,悬浮物 110 个,沉积物 110 个。10 个采样断面样品中 ΣPCBs 和 ΣHCHs 及其各单体组分含量列于表 4.1。

4.1.1.1　上覆水中的残留情况

上覆水中共检测出 8 种 PCBs 和 4 种 HCHs,除 PCB171 检出率为 90%外,其余均达 100%。ΣPCBs 浓度范围为 22.52～145.26ng·L^{-1}(平均值为 77.39ng·L^{-1}),

ΣHCHs 浓度范围为 37.53～120.29ng·L^{-1}（平均值为 80.72ng·L^{-1}），其中 PCB29 和 δ-HCH 为上覆水中的主要污染物，平均含量分别为 16.98ng·L^{-1} 和 29.02ng·L^{-1}。

表 4.1　各种 PCBs 和 HCHs 在不同样品中的含量范围及平均值

典型 POPs	上覆水/（ng·L^{-1}）		悬浮物/（ng·g^{-1}）		沉积物/（ng·g^{-1}）	
	范围	平均值	范围	平均值	范围	平均值
PCB1	0.62～49.49	15.12	ND	ND	ND	ND
PCB5	2.90～19.76	10.59	0.11～2.92	0.89	ND～0.80	0.19
PCB29	3.07～56.08	16.98	0.13～4.07	1.37	ND～3.21	0.56
PCB47	3.27～25.62	15.86	ND～28.58	10.47	0.60～2.09	1.16
PCB98	0.98～17.66	7.71	0.46～9.08	2.70	ND～0.86	0.19
PCB154	1.67～12.37	6.97	0.15～2.21	0.77	ND	ND
PCB171	ND～1.74	0.35	ND～4.52	0.73	ND	ND
PCB201	0.17～15.36	3.82	ND～2.05	0.96	ND	ND
ΣPCBs	22.52～145.26	77.39	1.09～47.21	17.88	0.60～6.60	2.09
α-HCH	9.60～34.35	19.94	2.30～63.19	14.82	0.04～8.01	1.57
β-HCH	6.13～21.36	13.20	ND～49.42	9.92	0.06～3.54	0.81
γ-HCH	4.91～30.57	18.56	ND～34.16	9.18	0.09～0.93	0.51
δ-HCH	10.12～45.46	29.02	1.29～224.32	63.70	0.28～23.66	5.87
ΣHCHs	37.53～120.29	80.72	4.27～291.92	97.63	0.60～25.93	8.77

注　ND 为未检测出。

根据我国《生活饮用水卫生标准》（GB5749－2006）及《地表水环境质量标准》（GB3838－2002）规定的 PCBs 和 HCHs 含量限值，10 个采样断面上覆水中 ΣPCBs 含量均超过《地表水环境质量标准》规定的 20ng·L^{-1} 的限值，其余情况均满足标准要求（图 4.1），因此黄河内蒙古段水体中 PCBs 轻度污染，由于 PCBs 具有"三致"效应，对农业灌溉及人畜饮用水有严重危害，应引起重视。

将黄河内蒙古段上覆水中 PCBs 浓度（平均值 77.39ng·L^{-1}）与国内外一些河流水体的研究数据比较（图 4.2），黄河内蒙古段水体 PCBs 污染程度低于闽江口（985ng·L^{-1}）、太湖（631ng·L^{-1}）、美国密执安湖（100～450ng·L^{-1}）水体，但比武汉东湖（0.002～1.12ng·L^{-1}）、松花江（13ng·L^{-1}）、北大西洋中途岛水体（9.1～63.0ng·L^{-1}）污染严重。

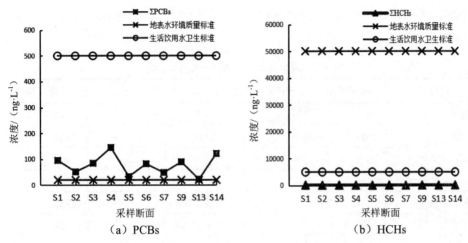

图 4.1　各采样断面 PCBs 和 HCHs 含量与标准值比较

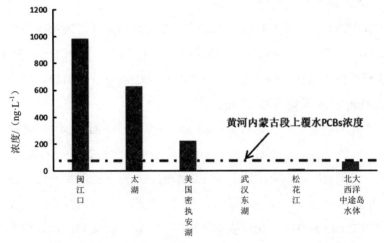

图 4.2　研究区上覆水中 PCBs 与其他地区水体中 PCBs 浓度比较

4.1.1.2　悬浮物中的残留情况

持久性有机污染物易吸附在悬浮物上，并最终沉降到水底沉积物中，因此悬浮物对 PCBs 和 HCHs 在不同介质间的迁移转化起着重要作用。黄河内蒙古段悬浮物中 HCHs 含量较高，变化范围为 $4.27 \sim 291.92 \text{ng·g}^{-1}$，平均含量为 97.63ng·g^{-1}，与其他介质中 HCHs 浓度相比，悬浮物中 HCHs 污染最严重；而悬浮物中 PCBs 浓度平均值为 17.88ng·g^{-1}，含量较低，污染不严重。

与国内其他研究区进行对比可知（表 4.2），黄河内蒙古段悬浮物 HCHs 浓度是巢湖、太湖、长江武汉段等河流的几倍甚至几十倍，污染较为严重，与珠江口 HCHs 污染相当。

表 4.2　其他地区悬浮物中 HCHs 浓度

河流名称	采样年份	HCHs 种类	HCHs 浓度/（ng·g⁻¹）	参考文献
巢湖	2011	4	5.1±10.3	[188]
太湖	2012	3	3.96	[189]
长江口南岸	2003	4	6.2～14.8	[190]
天津永定新河	2008	4	2.1～68.4	[191]
珠江水系西江	2004	4	12.73	[192]
长江武汉段	2001	4	0.23～1.90	[193]
珠江口	1997	4	8.76～125	[194]

4.1.1.3　沉积物中的残留情况

沉积物被认为是持久性有机污染物的主要赋存场所之一，表层沉积物一定程度上可以反映污染程度。黄河内蒙古段沉积物中共检测出 4 种 PCBs、4 种 HCHs。ΣPCBs 的含量范围为 0.60～6.60ng·g⁻¹（平均值为 2.09ng·g⁻¹），ΣHCHs 的含量范围为 0.60～25.93ng·g⁻¹（平均值为 8.77ng·g⁻¹）。

根据加拿大环境委员会制定的沉积物环境质量标准:ERL 表示低毒性效应值，当沉积物中污染物浓度低于 ERL 时，则极少产生负面生态效应；ERM 表示毒性效应中值，当沉积物中污染物浓度大于 ERM 时，则经常会发生负面生态效应；若污染物浓度在两者之间，则偶尔发生负面生态效应。将黄河内蒙古段表层沉积物样品中的 PCBs 和 HCHs 与相应生态效应标准比较（表 4.3），可以看出沉积物中 PCBs 几乎不会产生负面生态效应，而 γ-HCH 则偶尔产生负面生态效应，属于轻度污染。

表 4.3　沉积物中 PCBs 和 HCHs 污染标准　　　　　　单位: ng·g⁻¹

项目	ERL	ERM	黄河内蒙古段	
			平均值	最大值
γ-HCH	0.32	0.99	0.51	0.93
PCBs	22.7	180	2.09	6.60

与其他地区水环境沉积物中的 HCHs 相比，黄河内蒙古段含量（均值

8.77ng·g^{-1}）高于泉州湾（0.39～3.08ng·g^{-1}）、太湖梅梁湾（0.23～1.81ng·g^{-1}）、长江口南支（0.12～2.84ng·g^{-1}）；与山东半岛南部近海含量接近（2.09～19.96ng·g^{-1}）；低于污染严重的大连湾（0.0275～78.2ng·g^{-1}）。

4.1.1.4 不同相间的分配

对所有采样断面 PCBs 和 HCHs 数据进行悬浮物/上覆水、沉积物/上覆水浓度比值计算，会发现它们具有相似的浓度比值，可以从相关系数看出来，如图 4.3、图 4.4 所示。PCBs 的悬浮物/上覆水相关系数 R^2 值为 0.77，沉积物/上覆水相关系数 R^2 值为 0.82；HCHs 的悬浮物/上覆水相关系数 R^2 值为 0.83，沉积物/上覆水相关系数 R^2 值为 0.82，说明 PCBs 和 HCHs 在上覆水、悬浮物和沉积物三相中具有相似的空间变化趋势。

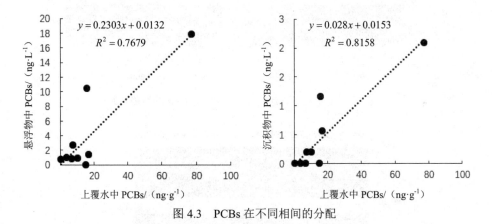

图 4.3 PCBs 在不同相间的分配

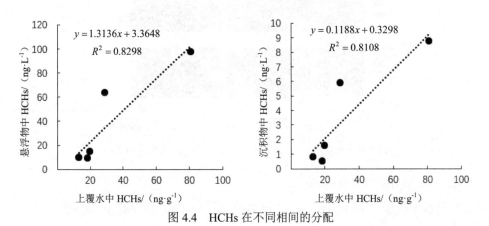

图 4.4 HCHs 在不同相间的分配

4.1.2 组成特征

在黄河内蒙古段上覆水、悬浮物和沉积物样品中共检出 8 种 PCBs 同系物、4 种 HCHs 同系物，如图 4.5 和图 4.6 所示。

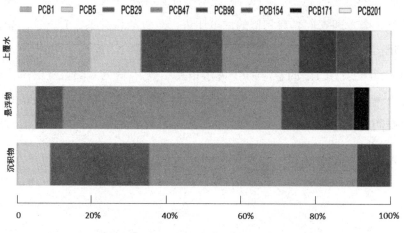

图 4.5　上覆水、悬浮物和沉积物中 PCBs 的组成特征

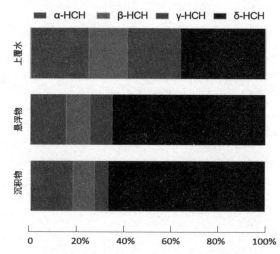

图 4.6　上覆水、悬浮物和沉积物中 HCHs 的组成特征

4.1.2.1　PCBs 的组成特征

上覆水中检出 8 种 PCBs，其中 PCB29 占 21.94%，PCB47 占 20.49%，其次是 PCB1、PCB5、PCB98、PCB154、PCB201、PCB171；悬浮物中共检出 7 种 PCBs，

其中 PCB47 占 58.56%，PCB98 占 15.10%，其次是 PCB29、PCB201、PCB5、PCB154、PCB171；沉积物中检出 4 种 PCBs，其中 PCB47 占 55.50%，PCB29 占 26.79%，其次是 PCB5 和 PCB98。可以发现 3 种不同样品中，PCB47 所占比例均较高，而四氯联苯主要用于电容器和变压器油，推断黄河内蒙古断面曾受到过此类污染，PCB29 和 PCB98 所占比例也很高，这与我国曾大量生产三氯联苯和五氯联苯相符，推断早期生产的这些低氯联苯在黄河内蒙古断面仍有部分残留。环境中的 PCB98 还会发生脱氯反应形成 PCB47，PCB47 降解速率又较低，这也导致 PCB47 浓度较高。

研究区域均以低氯联苯为主，可能存在几种原因：PCBs 单体含氯原子越少，其水溶性和蒸气压会越高，越容易富集；低氯联苯可能是由光化学降解产生的；微生物作用使高氯联苯转化为低氯联苯。

4.1.2.2 HCHs 的组成特征

HCHs 的 4 种同系物在不同样品中均有检出，且检出率均为 100%。由图 4.6 可知，上覆水中 4 种同系物占比 δ-HCH＞α-HCH＞γ-HCH＞β-HCH；悬浮物和沉积物中 δ-HCH＞α-HCH＞β-HCH＞γ-HCH。可以发现 δ-HCH 在不同样品中都是含量最高的一种单体，上覆水中 δ-HCH 为 35.95%，悬浮物中 δ-HCH 为 65.25%，沉积物中 δ-HCH 为 67%，这是由于 δ-HCH 是十分稳定的 HCHs，降解缓慢，同时也说明黄河内蒙古段六六六农药的主要残留是 δ-HCH。

PCBs 和 HCHs 的同分异构体占比在上覆水、悬浮物及沉积物中有所不同，可以推测每种异构体在上覆水、悬浮物及沉积物之间的迁移能力不同。

4.2 上覆水–悬浮物–沉积物中的时空变异性

4.2.1 时间分布特征

本研究于 2011 年 11 月－2015 年 3 月选取 S13（头道拐断面）作为重点连续监测断面，将监测时段分为开河期、畅流期、流凌期三个阶段，对上覆水和沉积物中 PCBs 和 HCHs 的时间分布特征进行分析。

4.2.1.1 上覆水中的时间分布

上覆水中 PCBs 和 HCHs 的浓度往往会因所处时期不同而存在差异,由图 4.7 和图 4.8 可知从开河期到流凌期上覆水中 ΣPCBs 和 ΣHCHs 的浓度均呈递减趋势。开河期浓度最高,这是因为开河期处于融冰后期,留存在冰体中的污染物迅速释放到水体中,造成河流上覆水中污染物浓度升高;进入畅流期后,雨水增多导致河流流量增大,污染物浓度降低;流凌期河流流量减小,但是水体开始形成冰凌,部分污染物会被包裹在冰相中,同时冰凌对水流的阻力作用会引起涨水现象,导致流量突然增加,因此上覆水中污染物浓度较低。

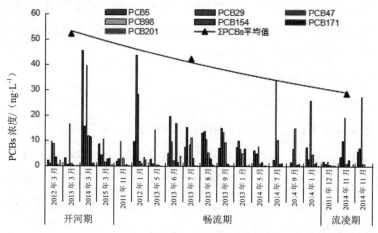

图 4.7　上覆水中 PCBs 的时间分布特征

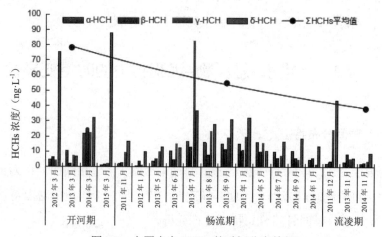

图 4.8　上覆水中 HCHs 的时间分布特征

PCB29 和 γ-HCH 浓度在畅流期较高,这可能由于这两种污染物在头道拐断面土壤中残留较多,畅流期雨水多、风速大,土壤及空气中的污染物随雨水径流汇入水体中,导致上覆水这两种污染物浓度增大;而 PCB47 和 δ-HCH 浓度在冰凌期略有升高,这可能也是由于这两种污染物残留较多,随径流汇入上覆水中的量较大,冰凌期河流的自净能力又减弱,因此浓度略有升高。

4.2.1.2 沉积物中的时间分布

沉积物中 ΣPCBs 和 ΣHCHs 浓度在开河期均最高(图 4.9),这是由于开河期沉积物中污染物浓度受冰封期影响,冰封期河流结冰,河流流速减缓,水中的污染物迁移到了沉积物中,加之温度低,微生物降解污染物的速率降低,因此冰封期沉积物中积累了污染物;畅流期雨量充沛、地表径流大,使得沉积物扰动较多的污染物到水环境中,导致沉积物中 ΣPCBs 和 ΣHCHs 浓度均降低;进入流凌期,污染物浓度变化幅度不大,均略有升高,这可能是由于河流上层刚开始结冰,底部沉积物中的污染物受影响较小。

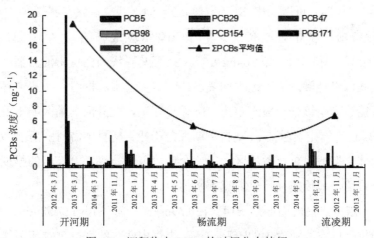

图 4.9 沉积物中 PCBs 的时间分布特征

沉积物中 PCB98 浓度开河期低,畅流期较高(图 4.10),这可能是由于头道拐段 PCB98 残留较多,雨水径流将其带入沉积物中;β-HCH 浓度在畅流期并没有下降,而是略有升高,这可能是由于 β-HCH 稳定性高,畅流期河流的扰动对 β-HCH 的迁移影响小。

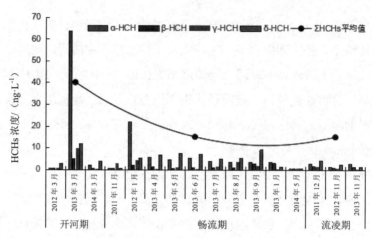

图 4.10　沉积物中 HCHs 的时间分布特征

4.2.2　沿程分布特征

4.2.2.1　上覆水中的空间分布

由图 4.11（a）可以看出 S1（拉僧庙）、S4（西乌拉壕）和 S14（喇嘛湾）3 个断面污染物浓度相对较高。其中 PCBs 浓度最高的 2 个断面出现在 S4（145.26ng·L^{-1}）和 S14（121.64ng·L^{-1}）。S4 西乌拉壕断面位于河套灌区下游，河套灌区是我国设计灌溉面积最大的灌区，有较多的水利枢纽，一些废弃变压设备的残留可能造成了该处上覆水中 PCBs 浓度较高，此外河套灌区的工业废水对高浓度 PCBs 也有一定贡献；S14 喇嘛湾断面位于托克托县下游，托克托县是首府"一核双圈一体化"战略重点发展区，工业企业较多，一些含 PCBs 的早期工业设备可能会有残留，最终随径流进入流域水体中。

HCHs 浓度最高的断面是 S14（120.29ng·L^{-1}）和 S1（117.58ng·L^{-1}）。S14 喇嘛湾断面位于以农牧业为主的喇嘛湾镇，土壤中残留的有机氯农药可能对上覆水中高浓度 HCHs 起到一定贡献作用；S1 拉僧庙断面位于工业发达的乌海市，排放的工业废水和生活污水致使该断面污染物较多。

4.2.2.2　悬浮物中的空间分布

由图 4.11（b）可以看出上游悬浮物中污染物的浓度高于下游采样断面，这可能与悬浮物的沉降和水体自净作用有关。

悬浮物中 PCBs 含量最高的采样断面是 S1（47.21ng·g^{-1}）和 S3（34.05ng·g^{-1}）。

S1 拉僧庙断面位于冶金、化工产业集中的工业发达城市乌海市，同时处于"塞上煤城"石嘴山的下游，工业带来的 PCBs 污染较大；S3 三盛公断面附近有水利枢纽工程，可能有残留的含 PCBs 的设备，导致了该断面污染物浓度较高。

S1 和 S3 断面 HCHs 浓度最高（291.92ng·g^{-1}、289.56ng·g^{-1}）。这两处高浓度 HCHs 可能是工业品 HCHs 导致的，且 S3 三盛公断面位于河套灌区，农业退水也可能会造成该断面 HCHs 污染较大。

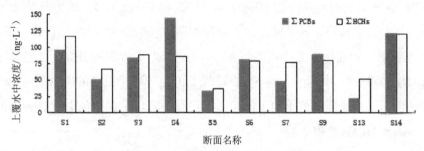

（a）各断面 PCBs 和 HCHs 在上覆水中的空间分布

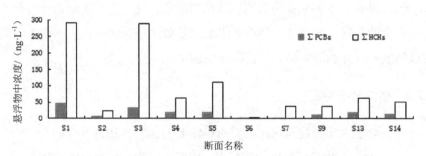

（b）各断面 PCBs 和 HCHs 在悬浮物中的空间分布

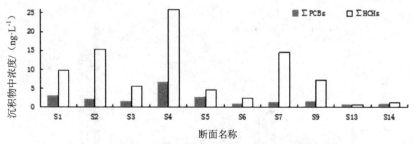

（c）各断面 PCBs 和 HCHs 在沉积物中的空间分布

图 4.11　各断面 PCBs 和 HCHs 的空间分布

4.2.2.3 沉积物中的空间分布

由图 4.11（c）可知 PCBs 在上游断面的浓度高于下游，其中 S1（3.09ng·g⁻¹）和 S4（6.60ng·g⁻¹）浓度最高。这两个断面处于工农业发达区，含 PCBs 变压设备的残留可能导致了污染物浓度都较高，且上覆水高浓度 PCBs 也会被降解吸附到沉积物中。

上游 HCHs 浓度也较高，下游除 S7 和 S9 断面，其他断面 HCHs 浓度普遍较低。HCHs 含量最高的是 S4（25.93ng·g⁻¹）和 S2（15.38ng·g⁻¹）。S4 西乌拉壕断面附近是乌梁素海入黄口，河套灌区的农业退水造成该断面沉积物中 HCHs 含量较高；S2 下海渤湾断面位于工业城市乌海市下游，该断面沉积物 HCHs 可能来源于工业 HCHs 的降解吸附作用。下游 S7 画匠营子和 S9 磴口断面 HCHs 浓度也较高，这可能是由于这两个断面位于四道沙河排污口的下游，承载了包头市的工业和农业废水，因此 HCHs 浓度较高。

总体来看，上覆水-悬浮物-沉积物中的 PCBs 和 HCHs 含量较高的断面集中在上游 S1 至 S4 断面，下游断面污染物含量相对较低，这是由于上游断面多处于工业、农业发达的地区，工业废水和农业退水致使该区域黄河中污染物浓度较高，下游浓度偏低与水体的混合稀释及自净作用相关。

4.2.3 横向分布特征

本研究选取 S13 头道拐断面作为重点连续监测断面（2011 年 11 月—2012 年 3 月），对水体中污染物沿断面横向（左岸、中泓、右岸）进行特征分析。图 4.12 和图 4.13 所示为水体中 PCBs 和 HCHs 的横向分布特征。

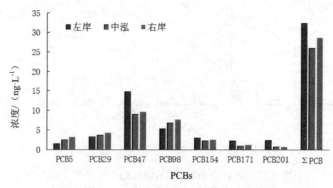

图 4.12　水体中 PCBs 的横向分布特征

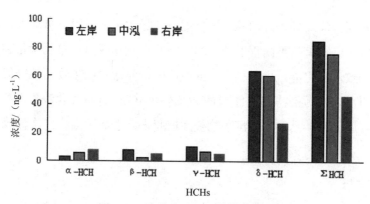

图 4.13 水体中 HCHs 的横向分布特征

总体而言，岸边水体中 PCBs 浓度较中泓高，污染较严重，原因是岸边的水流较缓，排入水体的污染物得不到快速稀释，容易在排污口附近积聚，引起岸边高浓度污染。而 ΣHCH 浓度左岸>中泓>右岸，这可能是由于排污口位于左岸，导致左岸水体 HCHs 浓度高。

同时左岸水体中 PCBs 和 HCHs 浓度含量均高于右岸，一方面可能是由于排污口位置不同，另一方面也可能与底层沉积物中污染物的释放有关，总体上水体左岸污染程度高。

4.3　赋存水平与环境因子相关性分析

4.3.1　水动力条件的影响

4.3.1.1　含沙量

泥沙是水体污染物的重要载体，对污染物有吸附和解吸作用。被吸附后的污染物与泥沙随时间而沉积在沉积物中，水体污染物含量降低；而当水环境因素发生改变时，污染物可能随着流速的改变再次释放到水体中，造成水体中污染物的赋存水平发生变化。

为研究黄河水体中污染物浓度与泥沙含量的关系，采用 2012 年 12 月—2013 年 11 月头道拐断面悬浮泥沙和 PCBs、HCHs 逐月检测数据，对泥沙与污染物浓度进行相关性分析。

由图 4.14 可知：含沙量年内分配不均，泥沙集中在丰水期 6—10 月，3 月泥沙含量陡增是因为河流处于开河期，冰体的融化导致水体泥沙含量增大，泥沙的存在对水体中污染物有着不同程度的影响。12 月至次年 5 月污染物含量和含沙量变化趋势不一致，这可能是由于枯水期的温度低，河流中微生物活性降低，影响泥沙富集吸附水体中污染物；5−11 月的 PCBs 和 HCHs 含量和含沙量有相同的变化趋势，究其原因可能是丰水期沉积物被冲刷起来，造成污染物二次释放。

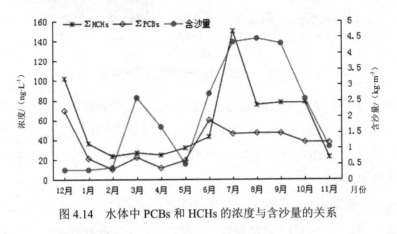

图 4.14　水体中 PCBs 和 HCHs 的浓度与含沙量的关系

图 4.15 和图 4.16 是水体中 PCBs、HCHs 浓度与含沙量在丰水期和枯水期的相关性分析结果。结果表明，污染物浓度与含沙量有一定的线性关系。在枯水期，PCBs、HCHs 浓度与含沙量呈明显负相关,相关系数低,相关性较差。丰水期,PCBs、HCHs 浓度与含沙量相关性较好，相关系数比枯水期高，这可能是受到水情影响，丰水期河流水量较大，含沙量大，且扰动沉积物释放大量污染物。

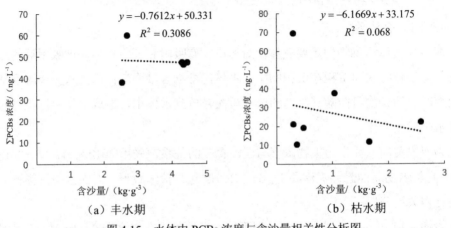

（a）丰水期　　　　　　　（b）枯水期

图 4.15　水体中 PCBs 浓度与含沙量相关性分析图

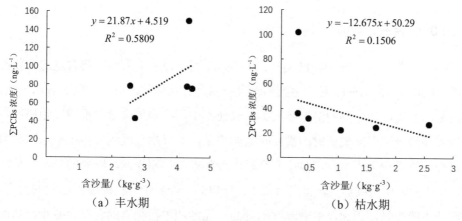

$$y = 21.87x + 4.519$$
$$R^2 = 0.5809$$

（a）丰水期

$$y = -12.675x + 50.29$$
$$R^2 = 0.1506$$

（b）枯水期

图 4.16　水体中 HCHs 浓度与含沙量相关性分析图

4.3.1.2　流速

图 4.17 所示为 2012 年 12 月－2013 年 11 月头道拐径流流速和污染物含量的变化趋势图，由图可知：12 月至次年 4 月相关性较差，枯水期污染物含量除了受流量、流速变化影响外，可能还与水中微生物的代谢密切相关，所以相关性较差，导致该现象的原因，需要进一步实验证实；5－11 月断面平均流速与污染物含量变化趋势较一致，这可能是由于这段时间雨水量大，河流流量大，流速也大，而丰水期，雨水对地面的冲刷作用会导致土壤中的污染物随径流流入黄河中，而且河流流速的增大也有可能会扰动沉积物释放更多污染物，从而使污染物的含量增加。

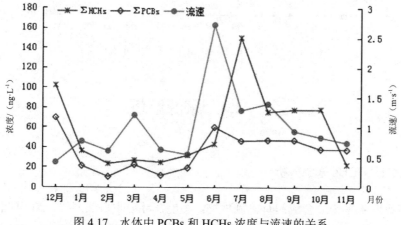

图 4.17　水体中 PCBs 和 HCHs 浓度与流速的关系

4.3.2 温度的影响

图 4.18 所示为 2012 年 12 月—2013 年 11 月河流水温和污染物含量的变化趋势图，由图可知：2—11 月，污染物含量与温度变化趋势一致，呈现显著相关性，随温度的升高，污染物的溶解度增大，致使水中污染物的含量呈现增加趋势；污染物被泥沙吸附引起熵变时，需要较大的热量，其吸附过程为放热过程，同时吸附过程以物理作用为主，当温度升高时泥沙颗粒的体积膨胀，颗粒的分子间距增大，分子间作用力减弱，表面张力减小，导致泥沙颗粒中有机质吸附活性的改变，从而减小吸附量。因此，随着温度的升高，泥沙相中污染物的含量会减少，从而导致水相中含量的增加。12 月和 1 月河流处于冰封期，水相中污染物浓度较高是因为河流结冰是一个提纯的过程，污染物在结冰过程中被不断排出，导致下层水体中污染物浓度增高。

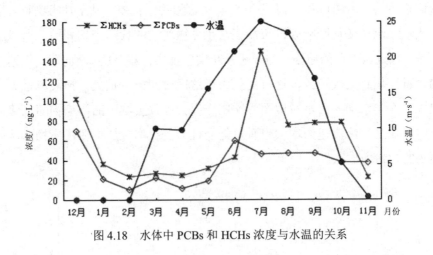

图 4.18 水体中 PCBs 和 HCHs 浓度与水温的关系

4.4 来源解析

4.4.1 PCBs 来源解析

多氯联苯是工业合成的有机氯化物，不能在环境中自然产生。20 世纪六七十年代，我国生产了近万吨 PCBs，其中 1 号多氯联苯（PCB29 为主）达到 9000t，主要用于电容器和电力变压器；2 号多氯联苯（PCB98 为主）达到 1000 多吨，主要用于油漆添加剂；此外，我国还从国外进口了约四五千吨电力设备和变压器。这些多氯联苯由于当时封存条件和管理水平的限制，出现了泄漏现象。

我国自然环境中多氯联苯的来源主要有：PCBs 制品（如变压器油、油漆添加剂、增塑剂等）、焚烧炉和工业有氯氧化的工艺过程。我国在 20 世纪所生产的 PCBs 制品以低氯联苯为主，造纸漂白过程以及其他涉及有氯氧化的工艺和焚烧炉排放的 PCBs 均以低氯联苯为主，而国外的产品则含有相对较多的高氯联苯。

4.4.1.1 上覆水中 PCBs 主成分分析

PCBs 在上覆水中的含量相对于悬浮物与沉积物较高，本书利用 SPSS20.0 对上覆水中 PCBs 进行主成分分析。首先对 8 种 PCBs 同系物进行相关性分析，得到相关矩阵（表 4.4）。可以发现上覆水中 PCB1、PCB29、PCB171 之间显著相关，PCB5 与 PCB47 显著相关，PCB98 与 PCB154 显著相关，PCB201 与其他变量相关性差，其余大部分变量之间相关系数大于 0.3。基于变量之间存在较好的相关性，对 8 种 PCBs 同系物数据进行标准化处理，运用主成分提取主成分因子，因子分析结果见表 4.5。

表 4.4　内蒙古段水相中 PCBs 的 Pearson 相关系数

PCB 种类	PCB1	PCB5	PCB29	PCB47	PCB98	PCB154	PCB171	PCB201
PCB1	1	-0.237	0.797**	0.151	0.091	0.093	0.759*	0.347
PCB5		1	-0.263	0.789**	0.331	0.354	-0.486	-0.052
PCB29			1	0.037	0.394	0.394	0.844**	0.238
PCB47				1	0.383	0.442	-0.286	0.350
PCB98					1	0.928**	0.243	-0.079
PCB154						1	0.199	0.106
PCB171							1	-0.101
PCB201								1

注　**表示在 0.01 水平上显著相关；*表示在 0.05 水平上显著相关。

根据初步提取主成分结果，三个主成分的累计贡献率达 87.77%，说明能够代表原始数据 87.77% 的信息。主成分 1 解释了总方差的 37.86%，其中 PCB1、PCB5、PCB29 三种多氯联苯具有较高的载荷因子，而一般的焚烧炉排放和造纸漂白工艺产生的 PCBs 以低氯联苯为主，我国生产的 PCBs 制品也是以低氯联苯为主，所以可以推测主成分 1 为工业污废水、生活污水及国产变压器油的标识物。主成分 2 解释了总方差的 32.76%，荷载因子最高的是 PCB47、PCB98、PCB154，可代表含 PCBs 的进口变压器油、油漆添加剂等的输出。主成分 3 解释了总方差的 17.15%，主要与 PCB171、PCB201 关联，因国外的产品相对较多含有高氯联苯，所以可以认为主成分 3 为国外含 PCBs 产品标识物。

表 4.5　内蒙古段上覆水 PCBs 含量的因子分析

PCB 种类	因子 1	因子 2	因子 3
PCB1	0.802	−0.288	−0.214
PCB5	0.814	0.285	0.067
PCB29	0.938	−0.202	0.047
PCB47	0.196	0.827	0.216
PCB98	0.197	0.603	−0.456
PCB154	0.204	0.646	−0.309
PCB171	−0.138	−0.488	0.381
PCB201	0.252	0.102	0.835
解释变化量/%	37.86	32.76	17.15

因此，黄河内蒙古段上覆水中多氯联苯的特征来源主要为 3 类：①焚烧炉、造纸漂白工业和国产变压器油等；②含 PCBs 的进口变压器油、油漆添加剂等；③国外进入我国的含 PCBs 产品。

4.4.1.2　上覆水中 PCBs 因子得分

根据各主成分的得分系数（表 4.5），可以计算出主成分得分（FAC）及其贡献率，黄河内蒙古段 10 个采样断面上覆水中 PCBs 的主成分得分及贡献率见表 4.6。

主成分 1 的贡献率变化范围是 12.15%～63.78%，主要受到因子 1 影响的采样断面有下海渤湾、西乌拉壕、三湖河口、昭君坟、头道拐及喇嘛湾断面。下海渤湾采样断面位于乌海市下游，头道拐和喇嘛湾采样断面与托克托县距离近，乌海市和托克托县工业企业较多，这些企业会产生大量的工业污废水；西乌拉壕、三湖河口、昭君坟位于河套灌区附近，农业退水及工业废水排放量较大。因此将工业污废水、生活污水及国产变压器油定为主成分 1 的标识物是合理的。

表 4.6 黄河内蒙古段不同断面上覆水中 PCBs 主成分得分排序

断面编号	采样断面	主成分 1		主成分 2		主成分 3	
		得分	贡献率/%	得分	贡献率/%	得分	贡献率/%
S1	拉僧庙	2.76	30.73	4.5	50.11	-1.72	19.15
S2	下海渤湾	-2.36	63.78	-0.85	22.97	0.49	13.24
S3	三盛公	0.64	15.84	2.32	57.43	1.08	26.73
S4	西乌拉壕	4.91	53.43	-4.2	45.70	-0.08	0.87
S5	三湖河口	-4.66	54.25	-3.18	37.02	-0.75	8.73
S6	昭君坟	1.38	46.62	1.12	37.84	0.46	15.54
S7	画匠营子	-2.29	45.98	-2.67	53.61	-0.02	0.40
S9	磴口	1	12.15	5.55	67.44	-1.68	20.41
S13	头道拐	-5.02	59.34	-3.31	39.13	0.13	1.54
S14	喇嘛湾	3.66	56.57	0.72	11.13	2.09	32.30

主成分 2 的贡献率变化范围是 11.13%～67.44%，拉僧庙、三盛公、画匠营子及磴口采样断面主要受到因子 2 的影响。三盛公采样断面附近有水利枢纽工程，画匠营子和磴口采样断面位于包头附近，由于工业及工程的需要，这些地方很有可能进口了变压器设备等，因此造成了 PCBs 的污染。

主成分 3 以国外含 PCBs 产品为标识物，其贡献率变化范围为 0.40%～32.30%，受到因子 3 影响的采样断面主要有三盛公、磴口和喇嘛湾断面，三盛公水利枢纽工程和工业发达的包头市由于工业需要很可能在 20 世纪进口了含有高氯代苯的工业设备，由于封存管理等条件限制，最终进入水环境中。

4.4.2 HCHs 来源解析

自然环境中 HCHs 的主要来源是工业品 HCHs 和林丹，其中工业用 HCHs 异构体相对含量分别为：α-HCH 60%～70%，β-HCH 5%～12%，γ-HCH 10%～15%，δ-HCH 6%～10%，而农业使用的林丹以 γ-HCH 为主（大于 99%）。由于 HCHs 的各异构体在工业和农业用 HCHs 中百分比不同，因此可以利用比值法对 HCHs 进行来源解析。常以 α-HCH/γ-HCH 比值来判断是否有工业源或者林丹输入，当

α-HCH/γ-HCH 比值为 3～7 时说明 HCHs 可能来源于工业输入；比值接近或小于 1，则说明来源于农业林丹的使用；由于 α-HCH 的半衰期比 γ-HCH 长约 25%，比值如果大于 7 可能是 HCHs 长距离输送或工业品循环降解的结果；也可根据 β-HCH/(α-HCH+γ-HCH)确定输入历史，若比值大于 0.5 表示来源于历史残留，若小于 0.5 则来自大气沉降或近期输入。

本研究中的 10 个采样断面上覆水、沉积物、悬浮物样品中，42.31%的样品 α-HCH/γ-HCH 比值小于 1，说明黄河内蒙古段 HCHs 主要来自农业林丹的输入（图 4.19）；50%的样品中 α-HCH/γ-HCH 比值为 1～3，表明有林丹和工业品 HCHs 的混合使用；7.69%的样品中 α-HCH/γ-HCH 比值大于 7，表明 HCHs 可能来自长距离运输或工业品的反复循环和降解；同时，76.92%的样品 β-HCH/(α-HCH+γ-HCH) <0.5，表明 HCHs 有近期输入或大气沉降，也有样品比值大于 0.5，说明 HCHs 有历史残留。

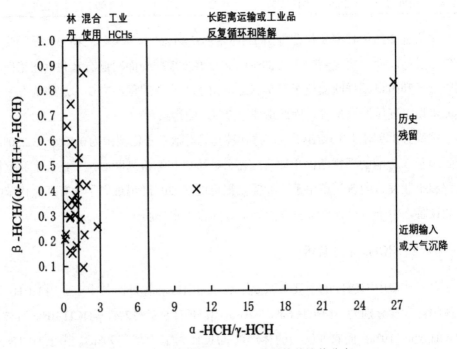

图 4.19　黄河内蒙古段 HCHs 的异构体比值分布

4.5　小结

本章在采集分析黄河内蒙古段上覆水、悬浮物和沉积物样品的基础上，对 PCBs 和 HCHs 的赋存水平、组成特征和时空分布进行了研究，同时探讨了赋存水平与环境因子的相关性及 PCBs 和 HCHs 的来源，结论如下：

（1）黄河内蒙古段上覆水中 PCBs 轻度污染，悬浮物中 HCHs 污染较严重，沉积物中 PCBs 几乎不会产生负面生态效应，而 γ-HCH 则偶尔产生负面生态效应，属于轻度污染；研究区域共检测出 8 种 PCBs 同系物和 4 种 HCHs 同系物，PCBs 均以低氯联苯为主，其中 PCB47、PCB29 及 PCB98 在 3 种样品中所占比例均较高，HCHs 同系物中 δ-HCH 是 3 种样品中含量最高的一种单体。

（2）上覆水和沉积物中 PCBs 和 HCHs 浓度在开河期、畅流期、流凌期存在差异，上覆水中均呈递减趋势，沉积物中均先下降后略升高，PCBs 和 HCHs 浓度均在开河期最高；上覆水-悬浮物-沉积物中的 PCBs 和 HCHs 含量较高的断面集中在上游拉僧庙至西乌拉壕断面，下游断面污染物含量相对较低；头道拐断面 PCBs 和 HCHs 横向分布上岸边污染较中泓严重，且左岸高于右岸。

（3）PCBs 和 HCHs 含量与含沙量、流速、温度在丰水期呈现较好的相关性，在枯水期相关性较差。

（4）PCBs 的来源主要为 3 类：①焚烧炉、造纸漂白工业和国产变压器油等；②含 PCBs 的进口变压器油、油漆添加剂等；③国外进入我国的含 PCBs 产品。HCHs 主要来自农业林丹的历史残留，也有工业品 HCHs 的使用，同时存在大气沉降输入。

第5章　水体冻融过程中 PAHs 的时空变异特征

黄河内蒙古段地处黄河流域最北端，属于我国寒冷地区，冰封期最长可达4个多月，根据其环境化学特征，河流在结冰过程中会将部分污染物捕获在冰层中，在冰体融化时又随冰融水汇入河流中，对河流造成二次污染，所以水体冻融过程中多环芳烃的污染状况、分布特征及污染来源，成为黄河水生态环境保护工作中一个亟待研究的重要课题。

选择 S6（昭君坟）至 S13（头道拐断面）为研究河段，16 种优先控制的 PAHs 为目标污染物，包括萘（Nap）、苊（Acy）、二氢苊（Ace）、芴（Fl）、菲（Phe）、蒽（Ant）、荧蒽（Fla）、芘（Pyr）、苯并[a]蒽（BaA）、屈（Chr）、苯并[b]荧蒽（BbF）、苯并[k]荧蒽（BkF）、苯并[a]芘（BaP）、茚并[1,2,3-cd]芘（IcdP）、二苯并[a,h]蒽（DahA）、苯并[ghi]苝（BghiP）。于 2012－2014 年采集流凌期、封河期及融冰期样品，样品数总计 96 个，其中水样 72 个，冰样 24 个。同时选取 S13（头道拐断面）作为连续监测断面，于 2011 年 11 月－2012 年 3 月采集样品，样品数总计 42 个，其中水样 15 个，冰样 27 个。

5.1　水–冰中 PAHs 的污染特性

5.1.1　赋存水平

用 GC-FID 检测 8 个采样断面的水体及冰体样品，对水体冻融过程中 16 种 PAHs 的组成特征及赋存水平进行分析，详细数据见表 5.1。结果表明，水相中共检测出 11 种 PAHs，Σ_{11}PAHs 的含量范围为 6.58～222.37ng·L^{-1}，平均含量为61.48ng·L^{-1}；冰相中共检测出 8 种 PAHs，Σ_8PAHs 的总量为 4.91～59.39ng·L^{-1}，平均含量为 27.17ng·L^{-1}。其中荧蒽为最主要的污染物，水相和冰相中平均含量分别为 37.58ng·L^{-1} 和 18.85ng·L^{-1}，检出率均达 100%。

表 5.1　水及冰体样品中 PAHs 各组分含量

PAHs	水/（ng·L^{-1}）				冰/（ng·L^{-1}）	
	范围	平均值	中国标准	EPA标准	范围	平均值
Nap	ND	ND	—	—	ND	ND
Acy	ND	ND	—	—	ND	ND
Ace	ND	ND	—	$1.2×10^6$	ND	ND
Fl	ND～34.27	3.13±6.94	—	$1.3×10^6$	ND	ND
Phe	ND～27.70	2.09±4.90	—	—	ND～4.00	1.92±2.72
Ant	ND～34.91	6.05±8.76	—	$9.6×10^6$	ND～7.83	2.95±2.99
Fla	6.58～146.92	37.58±26.93	—	$3.0×10^5$	4.91～40.78	18.85±9.92
Pyr	ND～36.90	6.48±8.85	—	$9.6×10^5$	ND～10.27	3.16±3.34
BaA	ND～7.00	1.15±2.09	—	4.4	ND～4.72	0.57±1.56
Chr	ND～29.08	2.43±5.57	—	4.4	ND～4.26	2.13±3.01
BbF	ND～9.57	0.78±2.26	—	4.4	ND～4.28	2.14±3.03
BkF	ND～4.68	2.34±3.31	—	4.4	ND	ND
BaP	ND～9.14	0.62±1.95	2.8	4.4	ND	ND
IcdP	ND	ND	—	4.4	ND～4.78	2.39±3.38
DahA	ND	ND	—	4.4	ND	ND
BghiP	ND～7.60	0.84±2.49	—	—	ND	ND
ΣPAH	6.58～222.37	61.48±41.53	—	—	4.91～59.39	27.17±13.48

注　ND 为未检测出。

　　根据我国《地表水环境质量标准》（GB 3838－2002）规定的集中式生活饮用水地表水源地特定项目标准限值及 EPA882-Z-99-001 标准，研究区域内部分 PAHs 含量超标（图 5.1），由图可知，BaA、BbF 在 S6、S12、S13 点均超出 EPA 标准限值（4.40ng·L^{-1}），Chr 除在 S6、S12、S13 点外均高于 EPA 规定值（4.40ng·L^{-1}），BkF 仅在 S6 点超标，毒性相对较高的 BaP 在 S7、S9、S11 及 S13 点均超出我国标准限值（2.80ng·L^{-1}）。

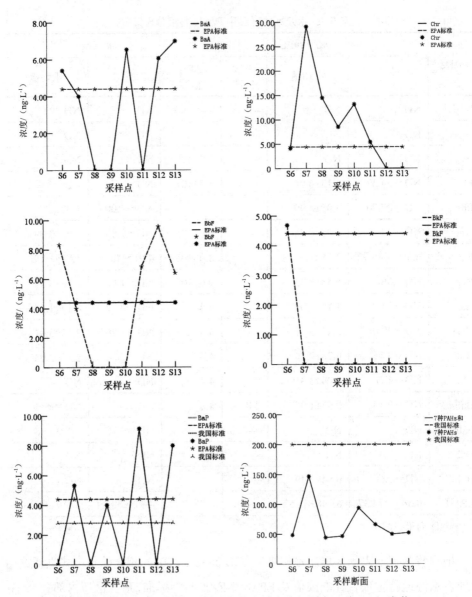

注：图中各个采样断面实测 PAHs 的浓度均为最大值；图中 7 种 PAHs 为萘（Nap）、荧蒽（Fla）、苯并[b]荧蒽（BbF）、苯并[k]荧蒽（BkF）、苯并[a]芘（BaP）、茚并[1,2,3-cd]芘（IcdP）及苯并[ghi]苝（BghiP）。

图 5.1　各采样点单体 PAHs 含量与标准值比较

为了更好地了解研究河段水相及冰相中 PAHs 的赋存水平，将检测出来的含量与国内外其他水体中的 PAHs 浓度进行比较。结果表明水相中 PAHs 比国外高，而与国内黄河兰州段、辽河、闽江及海河相比较低，与西江等污染水平处于同一数量级，比珠江污染重，处于低水平（表 5.2）。

表 5.2　国内外主要水体中 PAHs 的含量

水体名称	时间	PAHs 浓度范围/（ng·L^{-1}）	文献来源
[中]辽河	2005	94611～1344815	[224]
[中]闽江	2004*	9900～474000	[225]
[中]海河	2004	1765～35210	[226]
[中]黄河兰州段	2007	2920～6680	[227]
[中]西湖	2004*	989～9663	[228]
[中]松花江	2009	980～3293	[229]
[中]西江	2006	21.7～138	[230]
[中]珠江口	2002－2003	2.6～39.1	[231]
[美]密西西比河	2003*	12～480	[232]
[美]萨斯奎哈纳河	2004*	12～130	[233]
墨西哥湾	2003*	0.07～85	[232]
[法]塞纳河及河口	1997*	4～36	[234]
波罗的海	1995*	0.3～0.594	[235]
多瑙河	1999*	0.183～0.214	[236]
爱琴海	1999*	0.113～0.489	[237]

注　带有*为论文发表年份，其余为采样年份。

冰相中 PAHs 平均浓度（27.17ng·L^{-1}）为南极冰盖（10ng·L^{-1}）的 2.717 倍，比唐古拉山古仁河口冰川（24.59ng·L^{-1}）及小冬玛底冰川（20.45ng·L^{-1}）略高，低于东昆仑山玉珠峰冰川（60.57ng·L^{-1}）、青藏高原祁连山七一冰川（31.19ng·L^{-1}）及朝鲜图们江冰体（87.1ng·L^{-1}）的 PAHs 平均含量。可见冰相中 PAHs 含量处于中等水平。

5.1.2　组成特征

5.1.2.1　水相中 PAHs 组成特征

（1）不同采样断面 PAHs 单体的组成差异。由于各采样断面污染强度不同，因此本研究采用单因素方差分析法对各采样断面 PAHs 单体显著差异性进行探讨，

分析结果见表 5.3。除了 Ant 和 Fla 以外，其余各采样断面 PAHs 单体含量在 0.05
水平上均无显著性差异。

表 5.3 不同采样断面水相中 PAHs 单体单因素方差分析

PAHs	平方和	自由度	均方差	F 值	显著性
Fl	366.298	7	52.328	1.102	0.381
Phe	139.510	7	19.930	0.806	0.587
Ant	1153.151	7	164.736	2.687	0.022
Fla	12804.076	7	1829.154	3.439	0.006
Pyr	882.653	7	126.093	1.800	0.114
BaA	32.468	7	4.638	1.074	0.398
Chr	225.499	7	32.214	1.043	0.417
BbF	15.664	7	2.238	0.398	0.898
BkF	3.346	7	0.478	0.901	0.515
BaP	20.104	7	2.872	0.727	0.650
BghiP	49.975	7	7.139	1.184	0.334

根据 PAHs 的环数不同，可以将 PAHs 分为低环（2~3 环）、中环（4 环）及
高环（5~6 环），八个采样断面水相中 PAHs 的环数分布如图 5.2 所示。

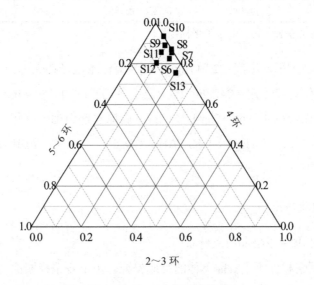

图 5.2 水相中 PAHs 组成结构特征

结果表明从分子结构上看，环数的分布规律为中环＞低环＞高环。中环组分占总 PAHs 的比例为 84.90%，在 S7～S11 号采样断面，中环比例均达 85.00% 以上，其中 S10 最高为 93.47%；低环占 12.09%，在 S13 点最高为 20.41%；高环仅为 2.99%，且 S8、S10 没发现高环组分。研究表明 4 环 PAHs 主要来源于化石燃料的燃烧，因此可以初步推断研究区域 PAHs 来源主要为燃烧源。

（2）不同时期 PAHs 单体的组成差异。流凌期、冰封期及开河期 PAHs 单体显著差异性结果见表 5.4。除 Phe、Fla、BbF 及 BghiP 外，其余 PAHs 单体含量在水体冻融过程中均无显著性差异。

表 5.4　不同时期水相中 PAHs 单体单因素方差分析

PAHs	平方和	自由度	均方差	F 值	显著性
Fl	241.157	2	120.578	2.679	0.080
Phe	142.291	2	71.145	3.247	0.048
Ant	1.094	2	0.547	0.007	0.993
Fla	4964.971	2	2482.486	3.837	0.029
Pyr	58.261	2	29.131	0.362	0.699
BaA	4.950	2	2.475	0.556	0.577
Chr	35.885	2	17.943	0.567	0.571
BbF	58.596	2	29.298	7.249	0.002
BkF	0.694	2	0.347	0.655	0.525
BaP	15.035	2	7.518	2.074	0.138
BghiP	39.760	2	19.880	3.559	0.037

不同时期 PAHs 在水相中的环数分布如图 5.3 所示。结果表明各个时期环数的分布均为中环＞低环＞高环，中环比例最高值在冰封期，为 82.83%，这可能是由于冰封期煤的燃烧导致了 4 环 PAHs 含量的增加。

5.1.2.2　冰相中 PAHs 组成特征

冰体中各采样断面 PAHs 单体显著性差异结果见表 5.5。不同采样断面冰体中，Fla、Chr、BbF 及 IcdP 含量在 0.05 水平上均表现显著性差异。

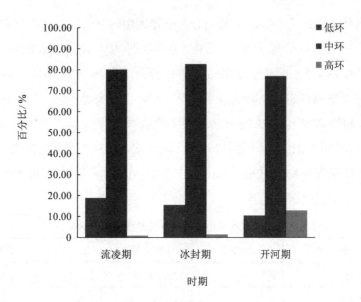

图 5.3　不同时期水相中不同 PAHs 环数所占比例

表 5.5　不同采样断面冰相 PAHs 单体单因素方差分析

PAHs	平方和	自由度	均方差	F 值	显著性
Phe	6.718	7	0.960	0.887	0.539
Ant	21.425	7	3.061	0.408	0.883
Fla	1956.486	7	279.498	26.190	0.000
Pyr	79.351	7	11.336	1.480	0.243
BaA	23.422	7	3.346	2.572	0.056
Chr	11.904	7	1.701	3.000	0.033
BbF	12.049	7	1.721	3.000	0.033
IcdP	15.013	7	2.145	3.000	0.033

　　八个采样断面 PAHs 在冰相中的环数分布如图 5.4 所示。结果表明，冰相中环和低环组分的比例分别为 84.83% 和 13.66%，高环比例仅占 1.51%，且仅在 S7、S8 点有检出。

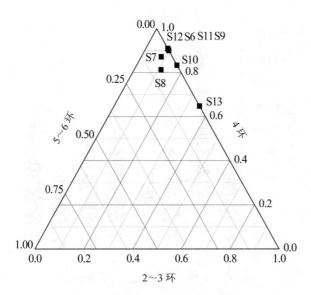

图 5.4　冰相中 PAHs 组成结构特征

5.2　水–冰中 PAHs 的时空变异性

5.2.1　时间分布特征

5.2.1.1　水相中 PAHs 的时间分布

2012－2014 年研究河段水相 PAHs 含量在冻融过程中的变化规律，如图 5.5 所示，由图可知，大部分采样断面的 PAHs 含量均在稳定封河时较高，这是由于 PAHs 的赋存水平与水温、溶解氧含量及微生物降解能力有关。主要原因有以下几点：冰体的覆盖导致了复氧能力变差，同时冰下水体中 PAHs 的蒸发及光降解作用减弱；冬天的较低温度导致了冰封期水体中微生物降解 PAHs 的速率降低；冰封期为枯水期，水流量较小，对水相中 PAHs 的稀释作用减弱，因此 PAHs 的浓度较高，而且在冰封期研究区域在采暖过程中煤的燃烧会使 PAHs 来源增加。

5.2.1.2　冰相中 PAHs 的时间分布

将 S13 断面 2011 年 11 月－2012 年 3 月监测时段分为凌汛期、冰封期（冰封前期、冰封中期、冰封后期）和融冰期三个阶段，对冰相中 16 种 PAHs 的时间分布特征进行分析，如图 5.6 所示，结果表明，冰相中 Σ_{16}PAHs 的总量为 ND～11.04ng·L^{-1}，平均值为 3.88ng·L^{-1}。

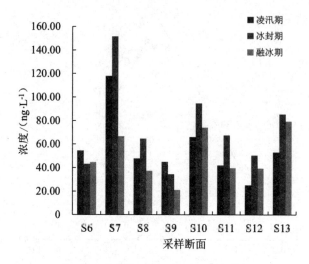

图 5.5　水相中 PAHs 的时间分布特征

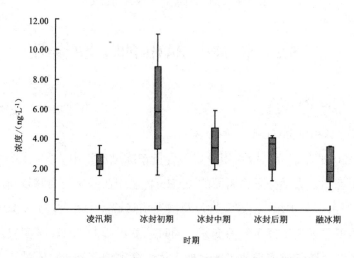

图 5.6　头道拐断面冰体中 PAHs 总浓度的时间分布特征

由图 5.6 可知进入秋冬季后，河流流量逐渐减小，水体冷却形成初始流凌，冰晶来不及包裹较多的 PAHs，此时冰相中 PAHs 含量较少，当流凌冰块相互碰撞聚集形成初始冰盖后，冰体中 PAHs 浓度达到最大值。这是由于流凌期河道里的冰凌对水流的阻力作用引起涨水现象，水流量的突然增加造成冰面破裂、河水漫溢产生层冰层水现象，将带有 PAHs 的水夹冻在冰体内。当河道内形成连续冰盖后，随冰层厚度的增加浓度呈下降趋势，这是由于在冰盖形成初期，温度骤降，冰的生长速率迅速增大，水中的 PAHs 以类似于盐包的形式被俘获在纯净的冰体里，当温度继续降低，随着冰厚的增加，冰体和大气之间的热交换作用减弱，致使冰生长速率减小，PAHs 的俘获量下降。在冰盖后期，冰体逐渐融化，存在于冰晶空隙中的 PAHs 会迅速被释放到水体中，造成 PAHs 含量逐渐降低，在融冰期达到最小值。

5.2.2 沿程分布特征

5.2.2.1 水相中 PAHs 的沿程分布
冰生长过程中研究河段各采样断面水相中 PAHs 的浓度分布，如图 5.7 所示。

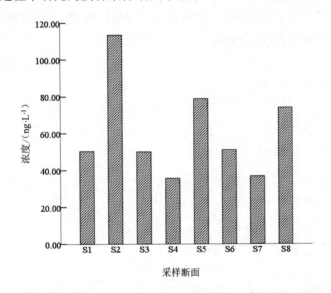

图 5.7 水相中 PAHs 的空间分布特征

由图 5.7 可以看出，S6 断面位于研究河段上游，附近无明显污染物排放源，因此 PAHs 浓度不高。在 S7 点 PAHs 含量最高，平均浓度为 113.36ng·L^{-1}。从 S7 断面后 PAHs 浓度逐渐降低，直至 S9 点处下降为 35.62ng·L^{-1}。土默特右旗采样断面（S10～S12）也呈现相同规律，S10 浓度为 78.75ng·L^{-1}，随后逐渐降低直至 S12 断面浓度减小到 36.76ng·L^{-1}。托克托县 S13 断面（73.80ng·L^{-1}）浓度也相对较高。这是由于 S7 点位于昆都仑河、四道沙河排污口的下游，承载了包头钢铁厂的工业废水和包头市的生活污水，该断面主要反映出包头市工业废水中 PAHs 的含量。

而且该断面临近黄河大桥，汽车尾气的排放也会对 PAHs 的含量有所贡献。S10 附近有煤炭开采区；S13 周围有造纸厂、焦炭厂等企业，都承担着大部分工业废水的排放。S9、S12 采样断面浓度相对较低，这可能是因为在该采样断面附近没有明显的污染源，而且也与水体的混合稀释及自净作用相关。

5.2.2.2　冰相中 PAHs 的沿程分布

由图 5.8 可知，冰相中 PAHs 沿程分布规律与水相一致且显著相关（$R^2 = 0.757$，$p < 0.05$）。冰体中最高浓度值出现在 S7 点（45.89ng·L^{-1}），其次是 S10 点（33.48ng·L^{-1}），且冰下水中 PAHs 浓度比冰体中高（图 5.9）。这是由于河流结冰时，纯水先结晶，而溶解在其中的 PAHs 会被浓缩在冰体表面的准液层中，不会进入冰体内，但是结冰过程较快，会导致部分 PAHs 以类似盐包的形式被捕获在冰晶间，因此冰相中也存在 PAHs。

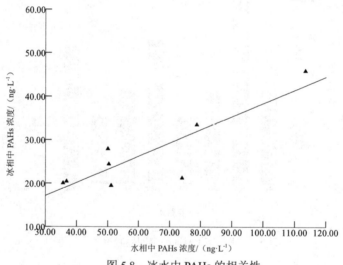

图 5.8　冰水中 PAHs 的相关性

5.2.3　垂向分布特征

为了进一步探讨冰相中 PAHs 沿采样垂线的纵向分布特征，本研究于 2011 年 11 月—2012 年 3 月选取 S13 作为重点连续监测断面进行分析。由图 5.10 可知，进入稳定封河期之后，上层冰体中 PAHs 含量低于下层，这是由于水体通过冰盖传导与大气进行热交换，冰盖从表层向下冻结，PAHs 在水结晶过程中不断被排出，以保持纯度，但是水结冰过程较快，会致使部分 PAHs 保存在冰晶间，故上层冰体中也会有 PAHs 检出。

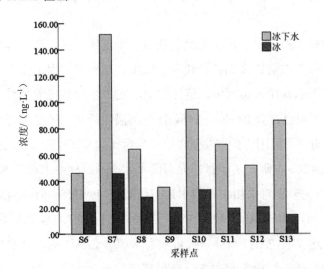

图 5.9　冰封期 PAHs 的空间分布特征

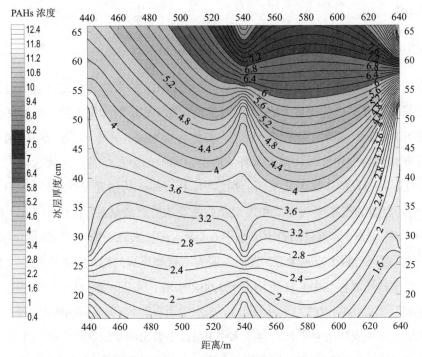

图 5.10　冰相中 PAHs 总浓度的纵向分布特征

5.3 水-冰中 PAHs 来源解析

本研究河段位于黄河中上游,流经包头市、土默特右旗、鄂尔多斯市及托克托县。该河段沿岸分布着许多钢铁、化工、造纸、热电等大型工业企业,大量的工业废水和生活污水均排入黄河中,这与 PAHs 的产生有直接的关系。而且燃料燃烧的烟气、烟尘中也含有 PAHs。另外,研究河段附近的居民冬季普遍仍使用煤炉取暖,研究表明使用民用煤炉产生的 PAHs 含量比大型工业锅炉高出 3~5 个数量级。根据上述情况,本研究主要对研究河段水体冻融过程中水相及冰相中 PAHs 来源进行探讨。首先分别对水相和冰相中 PAHs 总量及 PAHs 单体进行相关性分析,结果表明水体中 Fl、Phe、Ant、Fla、Pyr、BaA 及 Chr 和 PAHs 总量均在 0.01 水平上显著相关。这 7 种 PAHs 单体直接影响着水相中 ΣPAH 的赋存水平,所以可将这 7 种单体作为研究河段水相中 ΣPAH 的代表物质。冰体中 Phe、Ant、Fla 及 Pyr 和 PAHs 总量均存在相关性,这 4 种 PAHs 单体可作为研究河段冰相中 ΣPAH 的代表物质。

5.3.1 定性解析

本研究运用特征比值法对研究河段水体中 PAHs 的来源进行定性解析。通过低分子量与高分子量的比值(L/H)可以定性判断 PAHs 的污染来源。当 L/H<1.0 时,说明 PAHs 为燃烧污染来源;反之为石油污染来源。另外,由于 PAHs 同分异构体具有相同的理化性质,其进入环境中会有相似的分布行为,因此选择一些特定的 PAHs 同分异构体作为其来源的指示物,Baumard 等研究发现蒽/(菲+蒽)大于 0.1 表明为典型的汽车尾气排放和煤炭及石油类物质燃烧来源,比值小于 0.1 的为石油的泄漏;荧蒽/(荧蒽+芘)的比值小于 0.4 表明污染来源于原油、柴油燃烧污染,而荧蒽/(荧蒽+芘)的比值大于 0.5 表明来源为木材和煤炭的燃烧。本研究中冰相及水相各个采样断面样品中 L/H 值均小于 1.00,冰相中蒽/(菲+蒽)(0.65~0.89)及水相中蒽/(菲+蒽)(0.41~0.77)均大于 0.1,冰水中所有荧蒽/(荧蒽+芘)值也均大于 0.5(表 5.6)。结果表明所有采样断面冰水中 PAHs 主要来源于煤燃烧、机动车尾气排放及木材燃烧。这与该研究区域生活、工业、交通污染源实际排放情况相符。

表 5.6　冰相及水相中 PAHs 定性源解析

采样断面	蒽/(蒽+菲)（平均值）		荧蒽/(荧蒽+芘)（平均值）	
	冰	水	冰	水
S6	0.89	0.41	0.87	0.83
S7	0.85	0.56	0.89	0.81
S8	0.82	0.63	0.83	0.68
S9	0.82	0.54	0.70	0.70
S10	0.65	0.45	0.90	0.83
S11	0.78	0.68	0.67	0.74
S12	0.79	0.77	0.57	0.87
S13	0.69	0.70	0.87	0.70

5.3.2　定量解析

本研究运用 SPSS 20.0 软件，结合方差极大旋转法提取特征值大于 1 的因子，对研究河段里水相及冰相中 PAHs 进行定量源解析。

5.3.2.1　水相中 PAHs 主成分分析

由于 9 种 PAHs 化合物（萘、苊、二氢苊、苯并[b]荧蒽、苯并[k]荧蒽、苯并[a]芘、苯并[ghi]芘、茚并[1,2,3-cd]芘和二苯并[a,h]蒽）的检出量较低，因此将其从矩阵中剔除。首先对 PAHs 浓度数据进行抽样适当性和球面性检验，当抽样适当性统计量（KMO）接近 1 时，表示任意两个变量间的偏相关系数越低，则主成分分析效果越好，经计算，KMO 值为 0.654，球面检验值为 152.392，显著程度为 0.000，因此认为 PAHs 的相关矩阵间有共同元素存在，适合做主成分分析。

根据初步提取主成分结果和陡坡检验筛选要保留的主成分（表 5.7、图 5.11），由于前三个主成分的特征值均大于 1，且陡坡检验在第三个主成分突然上升，因此本研究保留 3 个主成分。计算结果表明，3 个主成分方差累积贡献率为 80.00%。主成分 1 解释了总方差的 35.65%，其与芴、菲和屈呈正相关。芴和菲主要来源于烹饪油烟，而屈会在化学工业生产和食物烹饪过程中产生。包头市造纸厂、稀土厂等工业废水和一部分生活污水，经一级处理后未达标便排入黄河中。所以可以推测主成分 1 为生活污水及工业污废水的标识物。主成分 2 解释了总方差的

26.72%，荷载因子最高的是蒽和芘，它们是煤燃烧排放源的标识物。主成分 3 解释了总方差的 17.63%，苯并[a]蒽和荧蒽来自柴油燃烧的排放，所以可以认为主成分 3 为交通污染源标识物。

表 5.7　水相中 7 种 PAHs 主成分初步提取结果

成分	初始特征值			提取的平方和			旋转的平方和		
	合计	方差/%	累积/%	合计	方差/%	累积/%	合计	方差/%	累积/%
1	3.200	45.715	45.715	3.200	45.715	45.715	2.496	35.651	35.651
2	1.241	17.734	63.449	1.241	17.734	63.449	1.870	26.715	62.366
3	1.159	16.553	80.002	1.159	16.553	80.002	1.235	17.637	80.002
4	0.736	10.509	90.511						
5	0.320	4.578	95.088						
6	0.204	2.921	98.010						
7	0.139	1.990	100.000						

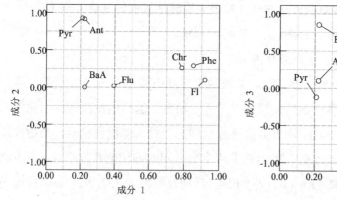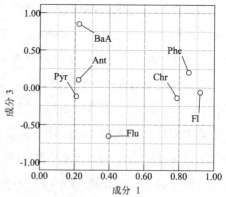

图 5.11　水相中 PAHs 主成分分析结果

根据各主成分的得分系数，可以计算出主成分得分（FAC），表达式为：

$$FAC-1 = 0.433Fl + 0.356Phe - 0.123Ant + 0.179Fla$$
$$- 0.138Pyr + 0.131BaA + 0.323Chr \tag{5-1}$$

$$FAC-2 = -0.167Fl - 0.024Phe + 0.554Ant - 0.085Fla$$
$$+ 0.567Pyr - 0.062BaA - 0.025Chr \tag{5-2}$$

$$FAC-3 = -0.031Fl + 0.184Phe + 0.083Ant - 0.519Fla$$
$$- 0.099Pyr + 0.693BaA - 0.097Chr \tag{5-3}$$

由表 5.8 可知，S7 点的水环境质量最差，S12 点总得分最低，表明该断面受污染较轻。主成分 1 的贡献率范围为 8.24%～86.58%，S7 主成分 1 的贡献率均大于 70%，认为上述断面主要受主成分 1 的影响；主成分 2 的贡献率范围为 13.19%～77.77%，相对受影响较大的采样断面为 S13。主成分 3 的贡献率范围为 0.24%～73.73%，主要受其影响的采样断面为 S10。根据研究区域污染物排放和交通情况，对主成分分析结果进行探讨。主成分 1 是生活污水和工业污废水排放源的标识物，主要受其影响的 S7 断面位于包头钢铁稀土集团公司和包头明天科技股份有限公司山泉化工厂排污口下游，而且包头市部分城区的生活污水也从该断面上游2.7km 的解放滩处汇入黄河中。因此以污废水排放源为主要影响成分是合理的。主成分 2 以煤燃烧排放源为标识物，主要受其影响的 S13 断面位于托克托县，该县内有一座较大规模的火电厂，且该河段内支流均为季节性河流在研究时段内河水断流不汇入黄河，交通也比较闭塞，因此 PAHs 主要来源为煤炭燃烧。主成分 3 为交通污染源标识物，主要受其影响的大城西断面附近有煤炭开采区，交通运输繁忙，因此 PAHs 主要来源于柴油燃烧。

表 5.8　不同断面水相中 PAHs 主成分得分排序

采样断面	主成分 1		主成分 2		主成分 3		总得分	总得分排序
	得分	贡献率	得分	贡献率	得分	贡献率		
S7	4.787	86.58%	-0.729	13.19%	-0.013	0.24%	5.529	1
S10	0.144	8.24%	-0.315	18.03%	1.288	73.73%	1.747	2
S11	0.932	67.29%	0.284	20.51%	0.169	12.20%	1.385	3
S9	0.538	39.76%	-0.706	52.18%	0.109	8.06%	1.353	4
S8	0.725	55.39%	-0.452	34.53%	0.132	10.08%	1.309	5
S6	0.269	24.04%	-0.745	66.58%	0.105	9.38%	1.119	6
S13	-0.108	11.27%	-0.745	77.77%	0.105	10.96%	0.958	7
S12	-0.124	27.49%	0.141	31.26%	0.186	41.24%	0.451	8

5.3.2.2　冰相中 PAHs 主成分分析

本研究保留 2 个主成分（表 5.9、图 5.12），主成分 1 解释了总方差的 57.72%，蒽和芘的荷载因子很高。它们是煤燃烧的指示物。所以可以认为主成分 1 为燃烧污染源。主成分 2 解释了总方差的 25.96%，荧蒽的荷载因子较高，其来源于石油燃烧的排放，所以可以认为主成分 2 为交通污染源。

表 5.9　冰相中 4 种 PAHs 主成分初步提取结果

成分	初始特征值			提取平方和载入			旋转平方和载入		
	合计	方差/%	累积/%	合计	方差/%	累积/%	合计	方差/%	累积/%
1	2.327	58.186	58.186	2.327	58.186	58.186	2.309	57.718	57.718
2	1.020	25.490	83.677	1.020	25.490	83.677	1.038	25.959	83.677
3	0.501	12.530	96.207						
4	0.152	3.793	100.000						

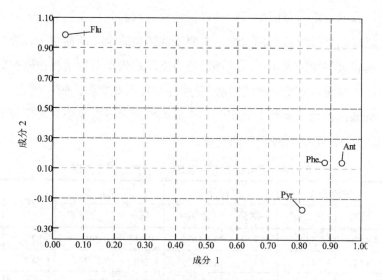

图 5.12　冰相中 PAHs 主成分分析结果

根据各主成分的得分系数得到主成分得分（FAC）表达式为：

$$FAC-1 = 0.376Phe + 0.400Ant - 0.047Fla + 0.365Pyr \qquad (5-4)$$

$$FAC-2 = 0.080Phe + 0.075Ant + 0.955Fla - 0.221Pyr \qquad (5-5)$$

研究河段各采样断面冰相中 PAHs 的主成分得分见表 5.10，由表可知，S7 断面的污染最严重，S12 断面受污染较轻。主成分 1 的贡献率范围为 20.26%～93.34%，主要受其影响的采样断面为 S13，主成分 2 的贡献率范围为 6.66%～79.74%，相对受影响较大的采样断面为 S9 和 S7，两采样断面均位于黄河大桥附近，运输繁忙，因此 PAHs 主要来源于汽车尾气；S6、S12 采样断面主成分 1 和 2 的贡献率较均衡，说明其主要受燃煤排放源和交通源的综合影响。由于包头采暖期煤炭是主要的能源，因此冰相中 PAHs 来源分析结果与包头实际污染源情况一致。

表 5.10 不同断面冰相中 PAHs 主成分得分排序

采样断面	主成分 1		主成分 2		总得分	总得分排序
	得分	贡献率	得分	贡献率		
S7	0.960	30.86%	2.151	69.14%	3.111	1
S10	1.819	67.08%	0.893	32.92%	2.711	2
S6	1.012	51.80%	−0.942	48.20%	1.954	3
S11	0.758	39.27%	−1.172	60.73%	1.930	4
S13	1.317	93.34%	0.094	6.66%	1.411	5
S8	0.877	66.54%	−0.441	33.46%	1.318	6
S9	0.258	20.26%	−1.015	79.74%	1.273	7
S12	0.100	44.10%	0.127	55.90%	0.227	8

5.4 小结

（1）2012—2014 年昭君坟至头道拐断面，8 个采样断面水相中 PAHs 的检测分析结果显示：共 11 种 PAHs 检出，Σ_{11}PAHs 的总量为 6.58～222.37ng·L^{-1}，平均含量为 61.48ng·L^{-1}，其中荧蒽为最主要的污染物，部分组分在个别采样断面超出了 EPA882-Z-99-001 中规定的标准限值，毒性相对较高的 BaP 在 S7、S9、S11 及 S13 均超出我国《地表水环境质量标准》（GB 3838—2002）的标准限值。

（2）8 个采样断面冰相中 PAHs 的检测分析结果显示：冰相中共检测出 8 种 PAHs，Σ_8PAHs 的总量为 4.91～59.39ng·L^{-1}，平均含量为 27.17ng·L^{-1}。4 环 PAHs 所占比例最大，其中荧蒽为最主要的污染物，冰体中没有苯并[a]芘检出。

（3）PAHs 在冰下水中浓度比冰相中高，且水相与冰相中沿程分布规律一致，S7、S10 点含量较高，S9、S12 点浓度相对较低，这与采样断面附近污染排放源情况有关。水体冻融过程中，大部分采样断面的 PAHs 含量均在稳定封河时较高。

（4）在 2011 年 11 月—2012 年 3 月选取 S13 作为重点连续监测断面，分析结果表明：冰相中 Σ_{16}PAHs 的总量为 ND～11.04ng·L^{-1}，平均值为 3.88ng·L^{-1}。冰生消过程中，PAHs 浓度呈现一定的规律，凌汛期含量较少，初始冰盖形成后达到最大值，当河道内连续冰盖形成后，其浓度随冰层厚度的增加呈下降趋势，且在下层冰体含量高于上层。冰盖后期，冰体逐渐融化，存在于冰晶空隙中的 PAHs

会迅速被释放到水体中，在融冰期达到最小值。

（5）运用特征比值法对研究河段水体中 PAHs 的来源进行初步判断。冰相及水相各个采样断面样品中 L/H 值均小于 1.00，冰相中蒽/(菲+蒽)（0.65~0.89）及水相中蒽/(菲+蒽)（0.41~0.77）均大于 0.1，冰水中所有荧蒽/(荧蒽+芘)值也均大于 0.5。结果表明所有采样断面冰水中 PAHs 主要来源于煤燃烧、机动车尾气排放及木材燃烧。

（6）用 SPSS 20.0 统计分析软件对研究河段水体中 PAHs 各组分浓度数据进行因子分析，水相中原有 7 个变量反映的信息可由 3 个因子来代替，方差累积贡献率达 80.00%，3 个因子分别代表了生活污水及工业污废水排放源、煤燃烧排放源及交通源的污染；冰相原有 4 个变量反映的信息可由 2 个因子来代替，方差累积贡献率达 83.68%，分别代表了燃煤排放源和交通源的污染。这与该研究区域生活、工业、交通污染实际排放情况相符。

第 6 章　典型 POPs 的迁移转化规律

6.1　泥沙对 PCBs 的吸附影响

黄河内蒙古段含沙量大，粗沙多。当污染物排入黄河中时，由于其自身性质及周围相关环境因子的影响，在水和泥等环境介质中均有残留。因此针对黄河内蒙古段含沙量大的特征，探讨泥沙颗粒对 PCBs 的作用，也成为研究其输移规律和归趋行为的主要内容。

6.1.1　PCBs 与泥沙的作用

PCBs 在水体中的迁移转化过程是一个物理、化学及生物综合的过程，一方面，泥沙是水体中 PCBs 的主要载体，在一定的化学及动力学条件下，PCBs 伴随着泥沙的沉淀，逐渐在沉积物中富集；另一方面，当外界条件发生变化时，会引起沉积物的再悬浮，PCBs 的赋存状态也会随之变化，同时吸附态污染物与溶解态污染物也会相互转化。研究表明在多泥沙河流中，悬移质泥沙的运动状态和吸附特性的变化是其影响 PCBs 迁移转化的主要因素，并称其为泥沙的环境效应。为了探讨泥沙与 PCBs 的相互作用，选择 S13（头道拐断面）悬浮泥沙为研究对象，开展静态吸附实验。

6.1.2　静态吸附实验设计

6.1.2.1　吸附动力学实验方法

（1）不同含沙量吸附动力学实验。取容积为 150mL 的具塞锥形瓶配制若干含沙量为 $5.0kg \cdot m^{-3}$、$35.0kg \cdot m^{-3}$、$65.0kg \cdot m^{-3}$ 的样品。分别加入初始浓度为 $0.2\mu g \cdot mL^{-1}$ 的 PCBs 标准溶液。

（2）不同目标污染物初始浓度吸附动力学实验。取容积为 150mL 的具塞锥形瓶配制含沙量为 5.0kg·m^{-3} 的水样,分别加入初始浓度为 0.1μg·mL^{-1}、0.2μg·mL^{-1} 和 0.4μg·mL^{-1} 的 PCBs 标准溶液。

上述每一个样品取三个平行样,并以泥沙空白的上清液作为参比液,以扣除泥沙溶出目标污染物对测定结果的影响。将样品用封口膜密封后放入全温振荡仪中,温度为 15℃,转速为 190r·min^{-1}。根据设定好的振荡时间依次取出,离心后取上清液,经固相萃取、净化后,测定出水样中 PCBs 的浓度,再用差减法计算泥沙中 PCBs 的含量。

6.1.2.2 主控因子对吸附影响实验方法

(1)温度对吸附量的影响。精确称取 20g 悬浮物为吸附剂,放入 150mL 的锥形瓶中,用移液管量取浓度为 200μg·L^{-1} 的 PCBs 标准溶液 1.5mL,加入 150mL 的原状水,混合均匀,分别置于全温振荡仪中,设定温度为 2℃、10℃、16℃、25℃、30℃。

(2)pH 值对吸附量的影响。用浓度为 1mol·L^{-1} 的 NaOH 和 HCl 调节 pH 值为 3、5、7、9、11,其余方法同上。

(3)离子浓度对吸附量的影响。介质分别为 0.001mol·L^{-1}、0.005mol·L^{-1}、0.01mol·L^{-1}、0.05mol·L^{-1}、1mol·L^{-1} 的 NaCl 溶液,吸附剂与吸附质浓度同上。

(4)有机质对吸附量的影响。将悬浮泥沙浸泡在 30% 的 H$_2$O$_2$ 溶液中 24h,去除有机质,再用纯净水洗涤,抽滤,经冷冻干燥后备用;取部分上述去除有机质样,配制含腐殖酸 10% 的泥沙样备用;分别称取原状泥沙、去除有机质泥沙、加腐殖酸泥沙各 20g,加入吸附质(浓度同上),介质为原状水。

(5)悬浮泥沙质量对吸附量的影响。用电子天平精确称取质量为 5g、10g、20g、30g、40g 的悬浮泥沙,置于具塞锥形瓶中,其余同上。

以上实验中,均需设置不加 PCBs 的吸附剂空白,以消除悬浮泥沙中原有 PCBs 对测定的干扰。

6.1.3 吸附动力学机理

6.1.3.1 不同含沙量下 PCBs 的吸附解吸动力学研究

经分析测定头道拐断面原状水中 PCBs 的含量为 30.46ng·L^{-1},泥沙中 PCBs 的含量为 13.28ng·g^{-1},用差减法计算后,确定泥沙中 PCBs 的吸附量,用最小二乘法拟合后，如图 6.1 所示。由图可知，吸附开始时，水相中吸附质浓度迅速下降，泥沙相中吸附量迅速上升。随着吸附时间的增加，最终吸附量基本保持不变。由此可见，PCBs 在泥沙上的吸附过程分为"两阶段"：在第一阶段，即吸附开始初期 2 h 左右吸附速率很快，含沙量为 5.0kg·m⁻³、35.0kg·m⁻³、65.0kg·m⁻³ 的吸附量迅速达到 0.14μg·mL⁻¹、0.09μg·mL⁻¹、0.07μg·mL⁻¹，在 6～10h 内达到最大值；在第二阶段，吸附逐渐达到动态平衡，吸附速率趋于平缓，水相和泥沙相中吸附质浓度基本保持不变。

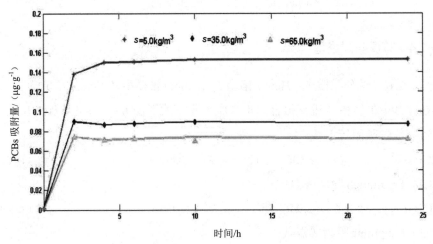

图 6.1　不同含沙量下泥沙中 PCBs 吸附动力学曲线

由图还可以看出，当含沙量增加时，水相中及单位质量泥沙中 PCBs 的平衡吸附量均有所下降。泥沙质量较大时，泥沙颗粒之间形成吸附竞争，大量泥沙也会起到一定的稀释分散作用；而泥沙含量较低时，泥沙富集的作用明显，对污染物的吸附作用也比较明显。由此可知，泥沙对水体虽有自净作用，但当吸附了污染物的泥沙再悬浮的时候，会对水体造成二次污染。

6.1.3.2　不同初始浓度下 PCBs 吸附解吸动力学研究

由图 6.2 可知，在初始时刻，不同初始浓度下，含沙量为 5.0kg·m⁻³ 单位质量泥沙中 PCBs 的吸附量分别增加到 0.17μg·mL⁻¹、0.14μg·mL⁻¹ 和 0.08μg·mL⁻¹，最后在 10 h 左右达到吸附平衡。而且在含沙量相同、吸附质初始浓度不同的条件下，单位重量泥沙的吸附量与 PCBs 初始浓度呈正相关。

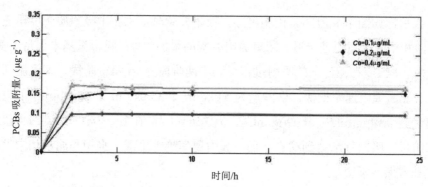

图 6.2　不同 PCBs 初始浓度下 PCBs 吸附动力学曲线

6.1.4　等温吸附模型

分别运用线性分配模型（Henry 模型）、Langmuir 模型及 Freundlich 模型，对 PCBs 在泥沙上的吸附量进行拟合，拟合结果见下式和图 6.3、图 6.4 及图 6.5。

（1）线性吸附等温式：

PCBs：
$$C_s = 4.30C_e + 1.12 \qquad R^2 = 0.8683 \qquad (6\text{-}1)$$

（2）Freundlich 吸附等温式：

PCBs：
$$C_s = 2.94C_e^{0.2555} \qquad R^2 = 0.9556 \qquad (6\text{-}2)$$

（3）Langmuir 吸附等温式：

PCBs：
$$C_e / C_s = 0.47C_e + 0.0112 \qquad R^2 = 0.9880 \qquad (6\text{-}3)$$

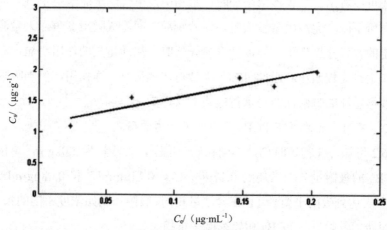

图 6.3　PCBs 线性吸附等温线

由上述拟合结果可知，Freundlich 吸附等温方程和 Langmuir 吸附等温方程的拟合系数分别为 0.9556 和 0.9880，而线性吸附等温方程的拟合系数为 0.8683。可见 PCBs 在泥沙上的吸附过程是非线性的。从 Freundlich 吸附等温方程可以看出 $1/n$ 小于 1，说明当 PCBs 的浓度较低时，泥沙对其吸附能力较强，但随着 PCBs 的增加吸附能力会降低。

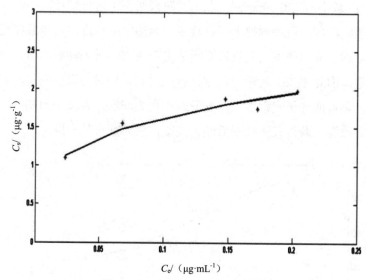

图 6.4　PCBs Freundlich 吸附等温线

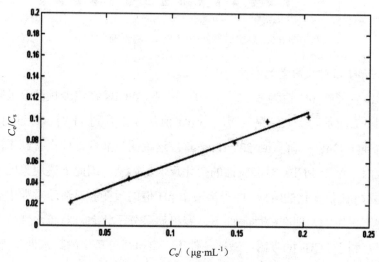

图 6.5　PCBs Langmuir 吸附等温线

6.1.5 主控因子对吸附行为的影响

6.1.5.1 温度对吸附量的影响

本实验测定了在 2℃、10℃、16℃、25℃、30℃下，温度对泥沙吸附 PCBs 的影响，如图 6.6 所示。由图可知，温度升高时，PCBs 在泥沙上的吸附量降低，由 376.18ng·g^{-1} 减小为 120.00ng·g^{-1}。在初始阶段吸附量降低幅度较小，这是由于吸附反应的初始阶段，泥沙颗粒上仍有较多空余的吸附位点。而当温度逐渐升高时，吸附量急剧下降。产生此现象的原因是由于 PCBs 被泥沙吸附引起熵变时需要较大的热量，因此 PCBs 的吸附过程为放热过程，同时当温度升高时泥沙颗粒的体积膨胀，颗粒间分子间距增大，分子间作用力减弱，表面张力减小，因此温度的变化会导致泥沙颗粒表面吸附活性的改变，从而减小吸附量。

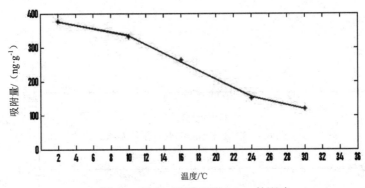

图 6.6 温度对泥沙吸附 PCBs 的影响

6.1.5.2 pH 值对吸附量的影响

本实验测定了在 pH 值为 3、5、7、9、11 下，PCBs 在泥沙颗粒上吸附量的变化，如图 6.7 所示。实验结果表明，当 pH 值从 3 上升到 11 时，泥沙对 PCBs 的吸附量由 441.93ng·g^{-1} 降低到 227.12ng·g^{-1}。这说明在酸性条件下有利于泥沙对有机物的吸附。由于 PCBs 对酸碱性的变化反应不敏感，因此上述现象的产生来源于吸附剂对 pH 值变化的响应。由于溶液中 pH 值的改变会对泥沙颗粒中有机质分子的构型产生影响，即在酸性条件下，有机质呈分子状态，对疏水性位点具有保护作用，有利于 PCBs 的吸附；碱性条件下，有机质分子中的疏水性位点减少，对 PCBs 的吸附能力降低。同时，由于有机质中含有大量的羧基和羟基，当 pH 值较小时, 有机质中各官能团不能解离, 形成大分子物质, 聚集成团沉淀在溶液中, 因此对 PCBs 的吸附量增大, 而且随着 pH 值的升高, 羧基和羟基开始解离, 有机质向水中释放, 进而影响吸附量。

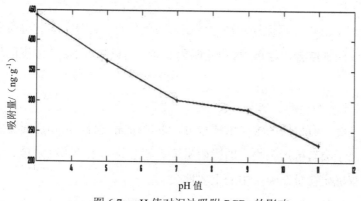

图 6.7　pH 值对泥沙吸附 PCBs 的影响

6.1.5.3　离子浓度对吸附量的影响

在离子浓度对吸附量影响的实验中, 以 NaCl 溶液为介质, 得出不同离子浓度下泥沙吸附 PCBs 的含量, 如图 6.8 所示。

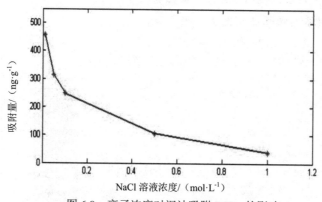

图 6.8　离子浓度对泥沙吸附 PCBs 的影响

由图可知, 随着 NaCl 溶液浓度的增加, PCBs 的吸附量减小。此现象产生的原因可从以下几个方面来分析:

（1）NaCl 溶液对泥沙颗粒中有机质的含量的影响。据学者研究表明, 当溶液中有电解质存在时, 随着其浓度的增加, 会有盐析现象产生, 即随着 Na^+ 浓度的增大，Na^+与溶解有机质产生吸附竞争，降低颗粒物对有机质的吸附，从而泥沙中有机质减少，因此吸附量降低。

（2）Na^+、Cl^-对有机质的结构产生影响，形成"闭合"结构，其疏水位点很难被 PCBs 接近。

（3）Na^+、Cl^-会占据泥沙颗粒上的部分吸附位点，即 Na^+与有机质和矿物质表面的羧基或羟基结合，与 PCBs 产生吸附竞争，所以随着 NaCl 浓度的增加吸附量下降。

6.1.5.4 有机质对吸附量的影响

腐殖质是泥沙有机质的主要组成成分，多项研究表明，腐殖质对有机污染物（尤其是非离子类有机污染物）的吸附量远远超过其他成分的吸附量。这充分证明了泥沙中有机质含量在吸附中的重要性。

三种泥沙样品（原泥、去除有机质样、含 10%腐殖酸样）对 PCBs 的吸附结果如图 6.9 所示。由图可知，去除有机质后，PCBs 的吸附量与原泥相比有所降低，当加入腐殖质后，泥沙对 PCBs 的吸附量显著增加。这是因为，泥沙有机质中含有多种疏水基，当加入腐殖酸时，疏水基的增加促进了有机质对有机污染物的吸附；而且泥沙对有机污染物的吸附主要为表面吸附作用，当泥沙中腐殖酸含量增加时，表面吸附能力增强从而增大了吸附量。

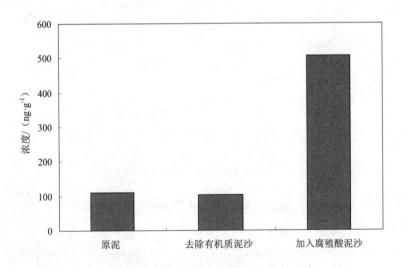

图 6.9 有机质对泥沙吸附 PCBs 的影响

6.1.5.5 悬浮泥沙质量对吸附量的影响

前面不同含沙量吸附过程的研究已表明含沙量越大吸附能力越低。本节通过不同泥沙质量对 PCBs 的吸附影响的研究，进一步得出以下结果，具体如图 6.10 所示。由图可知，吸附剂质量的不同对吸附量有很大的影响，在其他条件相同的情况下，随着悬浮物质量的增加，PCBs 的吸附量下降。这是由于悬浮物质量的增加使得泥沙颗粒之间对 PCBs 产生了竞争吸附，从而导致了单位质量泥沙的吸附量的降低。

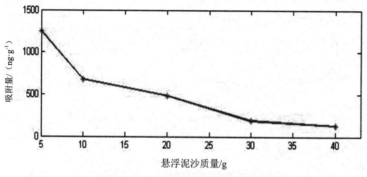

图 6.10　含沙量对 PCBs 吸附的影响

6.2　PCBs 在冰–水中的分布与释放规律

目前关于冰中 POPs 的分布释放规律及其对生态环境影响的研究相对较少，黄河内蒙古段每年冰封期较长，POPs 在固态冰相中的分布以及在融冰过程中的释放对河流的生态环境和水质有着重要影响。本研究通过室内模拟实验，以 2,4,5-三氯联苯（PCB29）为典型化合物，探讨在不同温度、浓度和 pH 值条件下冰相中 2,4,5-三氯联苯的分布和释放规律及其冰-水分配系数；同时选取黄河头道拐断面作为典型断面，研究冰封期冰相中 2,4,5-三氯联苯的分布释放规律及其在冰-水混合体系中的分配规律，以期了解冰封期河流冰相中污染物的污染特征，为冰封期河流的污染治理提供理论参考。

6.2.1　实验设计

6.2.1.1　分布实验方法

2,4,5-三氯联苯溶液由蒸馏水和 2,4,5-三氯联苯标准使用液配制而成。配制时经过长时间震荡,然后将盛有三氯联苯溶液的不锈钢桶置于自制的冰冻装置中(图6.11),最后将其放置在低温箱中冰冻。具体实验安排如下:

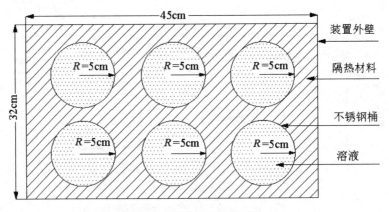

图 6.11　冰冻装置示意图

不同温度:配制 8 份体积为 1L,浓度为 20 μg·L^{-1} 的 2,4,5-三氯联苯溶液(pH=6.9),使其分别在-5℃、-15℃、-25℃、-35℃完全结冰(每个温度做 2 个平行样),然后将冰体从上到下分三层切割(每层约 4 cm),切割后的冰体分别在室温下完全融化,最后通过固相萃取方法提取水样中的三氯联苯。

不同浓度:配制 8 份体积为 1L,浓度分别为 5μg·L^{-1}、15μg·L^{-1}、20μg·L^{-1}、25μg·L^{-1} 的 2,4,5-三氯联苯溶液(pH=6.9;每个浓度做 2 个平行样),使其在-25℃完全结冰,同样将冰体从上到下分三层切割,分别融化待分析。

不同 pH 值(NaOH 和 HCL 调节):配制 8 份体积为 1L,浓度为 20μg·L^{-1},pH分别为 2.3、7.1、8.5、11.6 的 2,4,5-三氯联苯溶液(每个 pH 值做 2 个平行样),使其在固定温度-25℃完全结冰,然后将冰体从上到下分三层切割,分别融化待分析。

6.2.1.2　释放实验方法

不同浓度:配制 8 份体积为 1L,浓度分别为 5μg·L^{-1}、15μg·L^{-1}、20μg·L^{-1}、25μg·L^{-1} 的 2,4,5-三氯联苯溶液(pH=6.9;每个浓度做 2 个平行样),使其在-25℃

完全结冰，然后将冰体分别置于室温下融化，每融化 200mL 收集一次水样，共 5 次，最后通过固相萃取方法提取水样中的三氯联苯。

不同 pH（NaOH 和 HCL 调节）：配制 8 份体积为 1L，浓度为 $20\mu g\cdot L^{-1}$，pH 分别为 2、7、8、12 的 2,4,5-三氯联苯溶液（每个 pH 做 2 个平行样），使其在-25℃完全结冰，同样将冰体分别置于室温下融化，每融化 200 ml 收集一次水样，共 5 次，最后通过固相萃取方法提取水样中的三氯联苯。

6.2.1.3 冰-水分配系数实验方法

不同浓度：配制 6 份体积为 1L，浓度分别为 $5\mu g\cdot L^{-1}$、$15\mu g\cdot L^{-1}$、$20\mu g\cdot L^{-1}$ 的 2,4,5-三氯联苯溶液（pH=6.9；每个浓度做 2 个平行样），使其在-25℃冰冻，当冰水体积大约是 1:1 时，取出水样和冰样分别进行分析。

不同温度：配制 6 份体积为 1L，浓度为 $20\mu g\cdot L^{-1}$ 的 2,4,5-三氯联苯溶液（pH=6.9），使其分别在-5℃、-15℃、-25℃冰冻（每个温度做 2 个平行样），同样当冰水体积大约是 1:1 时，取出水样和冰样分别进行分析。

不同 pH（NaOH 和 HCL 调节）：配制 6 份体积为 1L，浓度为 20 $\mu g\cdot L^{-1}$，pH 分别为 2、7、8、12 的 2,4,5-三氯联苯溶液（每个 pH 做 2 个平行样），使其在-25℃冰冻，当冰水体积大约是 1:1 时，取出水样和冰样分别进行分析。

6.2.2　冰相中的分布规律

6.2.2.1　温度的影响

2,4,5-三氯联苯溶液（$20\mu g\cdot L^{-1}$，pH=6.9）在-5℃、-15℃、-25℃、-35℃完全结冰后，三氯联苯在冰相上层、中层及下层的浓度大小如图 6.12 所示，可以看出不同温度条件下，三氯联苯在冰相中的分布规律基本一致，即冰相上层三氯联苯浓度最低，冰相下层三氯联苯浓度最高，总体表现为由上向下递增的趋势。经计算本实验条件下，冰相下层三氯联苯的浓度平均为溶液初始浓度的 1.2 倍。这是由于溶液结冰是由上向下的，且结冰是溶液提纯的过程，三氯联苯作为溶液杂质，在溶液结冰时会被不断地排出，直到溶液全部结冰而被冻结在最下层，但是由于结冰过程较快，一部分三氯联苯会残存在上层冰相中，但其含量相对较低，大部分三氯联苯存于冰相下层。因此从总体看，先结冰的上层冰相三氯联苯浓度最低，最后结冰的下层冰相三氯联苯浓度最高。这与冰相中典型酚类化合物的分布研究结果相似——最先结冰的外层冰相酚类化合物浓度最低，最后结冰的内层酚类化合物浓度最高。

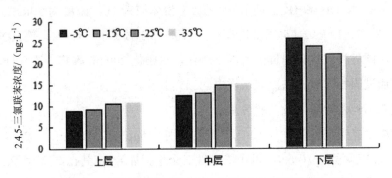

图 6.12　不同温度条件下 2,4,5-三氯联苯在冰相中的分布

从冰相下层分布趋还可以看出同浓度的三氯联苯溶液随着结冰温度的降低，冰相下层三氯联苯浓度逐渐减小。这是由于当溶液结冰温度不同时，冰相产生的冰晶分枝形状、晶核数及冰晶颗粒数不同，温度越低时溶液需要释放潜热的面积越大，因此会产生更多的枝状分枝，并在主干上产生更高级的分枝，各级分枝就会捕获溶液中的杂质，使冰相中杂质的浓度增大。因此，结冰温度越低，先结冰的冰相上层及中层中三氯联苯浓度越大，后结冰的冰相下层中三氯联苯浓度越小。

6.2.2.2　浓度的影响

浓度分别为 5μg·L^{-1}、15μg·L^{-1}、20μg·L^{-1} 和 25μg·L^{-1} 的 2,4,5-三氯联苯溶液在 −25℃完全结冰后，三氯联苯在冰相上层、中层及下层的浓度大小如图 6.13 所示。由图可知，不同浓度条件下，三氯联苯在冰相中的总体分布规律基本一致，仍然是冰相上层三氯联苯含量最低，冰相下层三氯联苯含量最高，且总体表现为由上向下递增的趋势。这进一步说明了本实验条件下溶液结冰是由上向下的，且进一步证明了溶液结冰是一个提纯的过程。

此外，对比四种不同浓度体系下三氯联苯在冰相中的分布规律，还可以发现当溶液浓度增大时，会有较多的三氯联苯存在于最先结冰的上层及中层冰相中。这说明结冰过程中，三氯联苯溶液浓度越高，结冰提纯效果越差。此结果与李莉等研究的不同浓度间甲酚在冰相中的分布规律一致——溶液浓度增大，较多间甲酚存在于最先结冰的外层冰相。

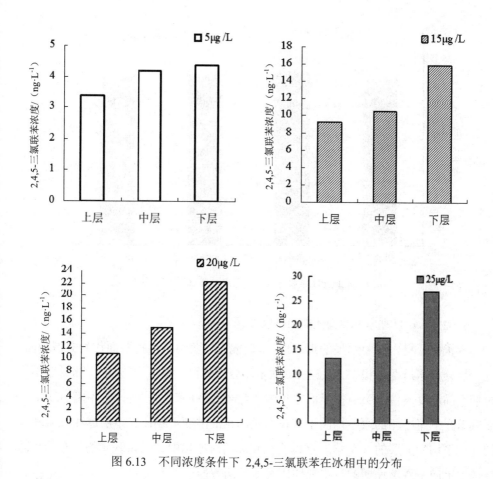

图 6.13 不同浓度条件下 2,4,5-三氯联苯在冰相中的分布

6.2.2.3 pH 的影响

pH 分别为 2.3、7.1、8.5、11.6 的 2,4,5-三氯联苯溶液（$20\mu g \cdot L^{-1}$）在 -25℃ 完全结冰后，三氯联苯在冰相上层、中层和下层的浓度大小如图 6.14 所示。可以看出，不同 pH 条件下，冰相上层三氯联苯浓度仍然较低，但冰相下层三氯联苯浓度不一定最高：酸性条件下，三氯联苯在冰相中层的浓度明显高于其在上层和下层的浓度；中性条件下，冰相中三氯联苯浓度总体保持由上向下递增的趋势；弱碱条件下，冰相上层三氯联苯浓度最小，冰相中层三氯联苯浓度与下层接近；强碱条件下冰相上层和中层三氯联苯浓度相当，下层浓度最大。因此 pH 对三氯联苯在冰相中的上下分布有一定的影响，这可能是由于 pH 的变化影响了冰的性质与结构，或可能改变了三氯联苯的带电性，从而影响了三氯联苯在冰相中的分布规律。

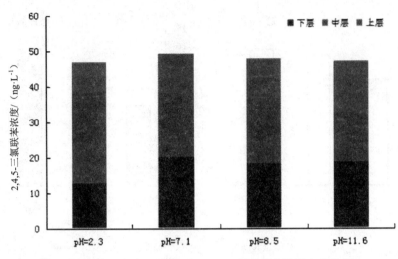

图 6.14　不同 pH 条件下 2,4,5-三氯联苯在冰相中的分布

6.2.2.4　冰封期冰相中 2,4,5-三氯联苯的分布

为了验证室内实验结果的可靠性，本研究选取黄河头道拐断面作为典型断面，进一步分析冰封期冰相中 2,4,5-三氯联苯的分布规律。图 6.15 表示了冰封期不同时期不同温度条件下头道拐断面冰相中 2,4,5-三氯联苯的垂向分布。由图可知，三氯联苯在下层冰相的浓度均高于其在上层冰相的浓度，经计算下层冰相三氯联苯的含量平均为上层的 1.5 倍。这说明在实际河流冰相中，三氯联苯的分布趋势同样是由上向下逐渐递增的，主要原因有如下两方面：

（1）天然河流结冰是由上向下的，且结冰是一个提纯的过程，三氯联苯在河流结冰时被不断地排至下层冰相，又由于河流结冰过程较快，一部分三氯联苯会残留在上层冰相中，因此从总体上看下层冰相三氯联苯的含量高于上层。

（2）天然河流底层冰相的温度比表层高，因此底层冰相中氢键作用力较小，冰相中空隙较大，三氯联苯更容易进入，使得底层冰相三氯联苯浓度较高。

随着温度的降低，冰相上层中 2,4,5-三氯联苯浓度呈增大趋势（图 6.15），这是由于温度越低时河流需要释放潜热的面积越大，会产生更多的分枝捕获杂质，因此，结冰温度越低，先结冰的冰相上层中三氯联苯浓度呈增大趋势。

头道拐冰相中 2,4,5-三氯联苯的分布规律与室内实验结果基本一致，充分说明了结冰是一个提纯过程，冰相生成阶段对有机污染物有较强的排斥效应。由此可以推断冰冻期河流冰相的污染比较轻微，可以为环保部门制定相关治理措施提供参考依据。

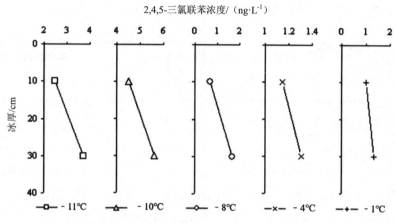

2,4,5-三氯联苯浓度/（ng·L⁻¹）

图 6.15　冰封期头道拐断面冰相中 2,4,5-三氯联苯的垂向分布

6.2.3　冰融化过程中的释放规律

6.2.3.1　浓度的影响

浓度分别为 5μg·L⁻¹、15μg·L⁻¹、20μg·L⁻¹ 和 25μg·L⁻¹ 的 2,4,5-三氯联苯溶液（pH=6.9）在−25℃完全结冰后，冰体在室温下融化时三氯联苯的释放规律如图 6.16 所示。由图可知，不同浓度的三氯联苯从冰相中释放时，释放规律基本一致，即大部分三氯联苯在冰融最初阶段迅速释放出来，随后发生较少量的均匀释放。这是由于溶液在结冰过程中，常常在冰晶边缘处产生枝状的通道，且大部分三氯联苯存在于这些枝状通道内，当冰开始融化时，这部分三氯联苯会沿通道迅速释放出来，导致溶液浓度短时间内急剧增高。而另一部分三氯联苯以"三氯联苯包"的形式存在于冰晶之间（"三氯联苯包"和 Weeks and Ackley 所描述的盐包相似），这部分三氯联苯会在冰融后期逐渐释放出来。三氯联苯的这种释放规律与 Torsten Meyer 等人研究的雪中有机污染物释放规律相似。

经计算，浓度为 5μg·L⁻¹、15μg·L⁻¹、20μg·L⁻¹、25μg·L⁻¹ 的三氯联苯，冰融初期三氯联苯的释放量分别占总量的 41%、40%、43%、43%，说明浓度对三氯联苯在冰相中的释放规律几乎没有影响。

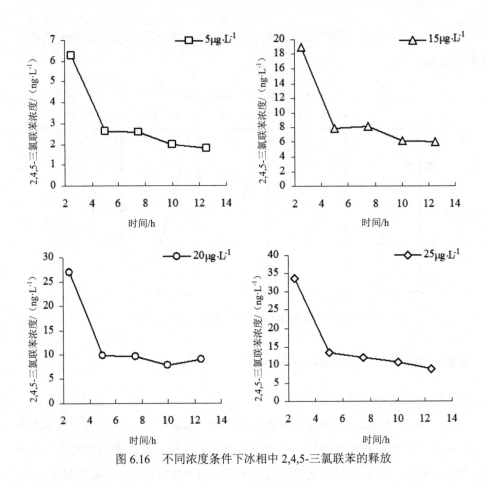

图 6.16　不同浓度条件下冰相中 2,4,5-三氯联苯的释放

6.2.3.2　pH 的影响

pH 分别为 2、7、8、12 的 2,4,5-三氯联苯溶液（20 μg·L⁻¹）在-25℃完全结冰后，冰体在室温下融化时，三氯联苯的最大释放量仍在冰融初期（图 6.17），说明 pH 的变化不会影响冰晶边缘处三氯联苯的分布，这部分三氯联苯仍在冰融最初阶段迅速释放出来。而 pH 的改变却对冰融后期三氯联苯的释放趋势产生了一定影响：酸性条件下三氯联苯的释放曲线呈增大趋势；中性条件下三氯联苯的释放曲线较为平缓；碱性条件下三氯联苯释放曲线先上升后下降。根据 pH 对三氯联苯在冰相中分布的影响，推断 pH 的改变可能影响了冰的结构与性质，或可能改变了三氯联苯的带电性，也可能改变了"三氯联苯包"的存在形式，从而影响了三氯联苯的释放规律。

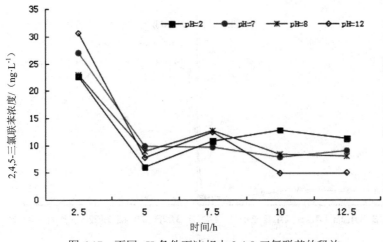

图 6.17 不同 pH 条件下冰相中 2,4,5-三氯联苯的释放

6.2.3.3 冰融期冰相中 2,4,5-三氯联苯的释放

冰融前后黄河头道拐水相中 2,4,5-三氯联苯的浓度大小如图 6.18 所示。可以看出冰融前水相中三氯联苯浓度均低于 10ng·L^{-1}，当冰开始融化时，水相中三氯联苯浓度迅速增加至 70ng·L^{-1} 以上，冰融后期水相三氯联苯浓度有所下降，但仍远大于冰封期水相三氯联苯浓度。这说明天然河流冰相中的三氯联苯会在冰融初期集中释放，导致水相中三氯联苯浓度迅速升高。这也是由于河流结冰过程中，大多数三氯联苯存在于冰中的枝状通道内，一旦冰开始融化，大部分三氯联苯就会沿着这些通道迅速释放出来。

此现象进一步证明了室内实验的研究结果——大部分三氯联苯会在冰融最初阶段迅速释放出来。由此可见，河流处于冰融期时，冰相中的污染物会集中释放，导致水体污染加重。这种由于冰融化引起的水相中有机污染物浓度短暂增大的现象在加拿大和德国等地区的河流中也有出现。此外值得一提的是，在温带地区，冰融期一般处于初春时期，河流水体中各种生物体的生命正处于复苏阶段，生命较脆弱，冰的融化可能会对它们的生存构成威胁。总之冰融期河流冰相中污染物的集中释放会对河流水质状况和生态环境构成较大威胁，相关部门应加强对冰融期河流的污染治理。

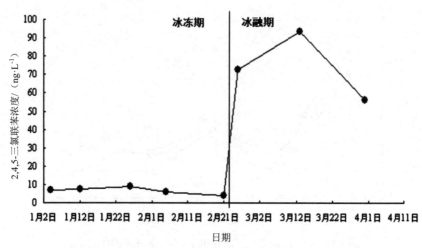

图 6.18　冻融期头道拐断面水相中 2,4,5-三氯联苯的浓度

6.2.4　冰-水体系中的分配系数

6.2.4.1　主控因素的影响

在冰冻条件下，天然河流是冰体和水体的混合体，研究不同环境因素下，污染物在冰水之间的分配可为冰冻期河流的污染治理提供参考。本研究通过室内模拟实验，测定了不同浓度、温度及 pH 条件下的冰-水混合体系中，2,4,5-三氯联苯分别在冰相、水相中的浓度，并计算出了三氯联苯的冰-水分配系数。

不同浓度、温度及 pH 条件下的冰-水混合体系中，2,4,5-三氯联苯分别在冰相、水相中的浓度及其冰-水分配系数（冰/水）如图 6.19 至图 6.21 所示。由图可知，三氯联苯在水相中的浓度均大于其在冰相中的浓度。不同浓度、温度及 pH 条件下，三氯联苯的冰-水分配系数分别为 0.37～0.55、0.43～0.55、0.42～0.55。由此可知在冰-水混合体系中，大部分三氯联苯会进入水相，冰相中含量较少，且浓度、温度和 pH 对分配系数几乎没有影响。这也是由于溶液结冰是一个提纯过程，三氯联苯会不断地被排出冰相，进入没有结冰的水溶液中，因此水相中三氯联苯含量大于冰相中三氯联苯含量。这与高红杰研究的酚类化合物冰-水分配系数结果相似——在室内模拟实验条件下，冰水混合体系中，仅有少量的酚类化合物会进入冰相。

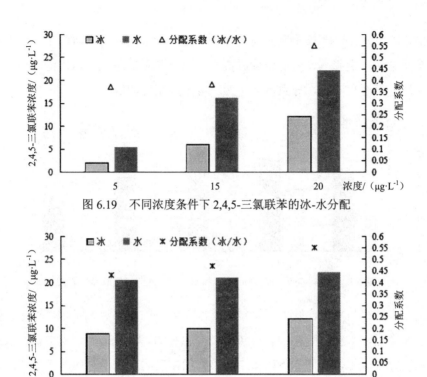

图 6.19　不同浓度条件下 2,4,5-三氯联苯的冰-水分配

图 6.20　不同温度条件下 2,4,5-三氯联苯的冰-水分配

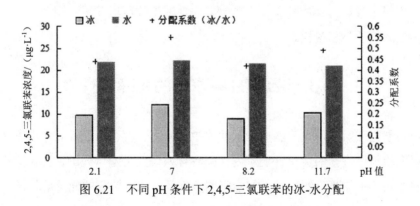

图 6.21　不同 pH 条件下 2,4,5-三氯联苯的冰-水分配

6.2.4.2　冰封期冰-水中 2,4,5-三氯联苯的分配

冰封期不同时期不同温度条件下头道拐断面 2,4,5-三氯联苯在冰相和水相中的浓度分配如图 6.22 所示。可以看出水相中三氯联苯含量均大于冰相中三氯联苯含量，经计算水相中三氯联苯浓度平均为冰相中的 3 倍，这也是由于河流结冰是

提纯的过程，三氯联苯被不断地排出冰相，进入没有结冰的水溶液中。温度对冰水分配系数有一定影响，随着温度升高，冰水分配系数降低，这可能是由于温度高时，冰层厚度相对小，导致冰体中污染物浓度相对较低。

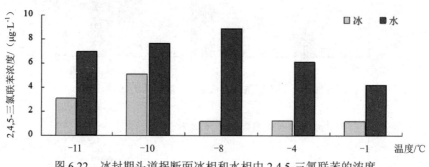

图 6.22　冰封期头道拐断面冰相和水相中 2,4,5-三氯联苯的浓度

此分配规律与室内实验的研究结果基本一致——在冰-水混合体系中，大部分三氯联苯会进入水相，冰相中含量较少。由此可知，河流结冰过程中，污染物会由冰相迁移至水相，致使冰下河流中污染物的浓度明显高于对应冰相的浓度，因此冰封期河流水体的污染比冰体严重，加之冰封期河流的复氧能力低、微生物活性低以及水体交换能力弱等，加重了冰封期河流冰下水环境的恶化程度，并会进一步带来河流有机污染加剧及水生生物多样性减少等环境效应。因此冰封期河流水体污染的治理不容忽视。

6.3　荧蒽在冰–水中的光降解行为

在自然光照射下，光降解成为水体中 PAHs 的主要去除途径。本研究选择研究区域内检出量最高的荧蒽开展室内光降解行为模拟实验，分析目标污染物在紫外光照射条件下的光降解过程，初步阐明水相及冰相中荧蒽的光降解机理。

6.3.1　光降解基本原理

6.3.1.1　光降解定律

光降解反应有两个定律：Grothus-Draper 定律和 Stark-Einstein 定律。Grothus-Draper 定律阐述了只有被分子吸收的光才能有效地引起分子的化学反应。

Stark-Einstein 定律的内容是发生光降解时吸收光子数与激活分子数相等。

光降解反应为分步反应，分为初级光降解过程和次级光降转化过程。初级光降解过程是指引起转化的能量直接来自光能；而由初级光降解产物引起的光降解反应为次级光降解过程。初级光降解过程的类型包括：物质分子吸收光子后离解产生自由基的光解、物质在吸收光子后引起的分子内重排、物质在吸收光子后发生的异构化反应。

6.3.1.2 光降解类型

有机物光降解类型可分直接光降解和敏化光降解。直接光降解反应是指物质在紫外光和太阳光照射下直接吸收光子发生的化学反应。反应物质吸收光子获得能量后，从基态跃迁到更高能量的激发态，即为：

$$P_0 + hv \rightarrow {}^1P_n^* \qquad (6-4)$$

式中，P_0 为基态；h 为普朗克常数；v 为光子频率；${}^1P_n^*$ 为激发单重态。

${}^1P_n^*$ 会迅速转变为单重态（${}^1P_1^*$），单重态一般会转变为两种形态，分别为释放荧光变回基态，或者转化为更稳定的三重态（${}^3P_n^*$），即：

$$ {}^1P_n^* \rightarrow {}^1P_1^* + 热 \qquad (6-5)$$

$$ {}^1P_1^* \rightarrow P_0 + hv \qquad (6-6)$$

$$ {}^1P_1^* \rightarrow {}^3P_1^* + 热 \qquad (6-7)$$

敏化光降解是由于水体中含有的发色溶解态物质在吸收光子后，产生大量活性基团（单重态氧、氢氧自由基、氢过氧自由基和超氧自由基阴离子等），引起光催化作用引发污染物间接光降解。天然水体中含有 H_2O_2、丙酮等光敏化剂，因此间接光降解过程是普遍存在的。

6.3.1.3 光降解动力学模型

在自然环境中，由于 PAHs 分子中存在高能反键轨道 π^* 和低能成键轨道 π，因此当分子吸收光能后，价电子会从成键轨道跃迁到反键轨道，当电子从激发态返回基态时，会以荧光的形式释放出能量。即在光照射下 PAHs 会进行降解。降解方式包括直接光降解和敏化光降解。PAHs 能吸收波长为 313nm 或 366nm 的光波，导致分子结构由基态转变为高阶能量的激发态，而发生直接光解，而且特别是在紫外线照射下，一些 PAHs 能被激发最终产生三重态分子。天然水体中存在 H_2O_2，在日光照射下 H_2O_2 被分解为 HO·活性基团，引起光催化作用，使 PAHs

发生间接光降解。

为了定量描述和分析污染物的浓度对降解反应速度的影响,建立了光降解反应动力学方程,即假定在其他因素不变的前提下,模拟污染物浓度和反应速率之间的关系。目前,描述污染物在水体中光降解反应的方程为:

$$v = -\mathrm{d}C/\mathrm{d}t = kC^n \tag{6-8}$$

式中,C 为反应物浓度,$\mu g \cdot L^{-1}$;k 为光降解速率常数,$\mu g \cdot L^{-1} \cdot h^{-1}$;$n$ 为反应级数。

描述污染物光降解反应的方程有零级反应方程、一级反应方程及二级反应方程。

(1)零级反应模型。光降解零级反应方程为:

$$C = C_0 - kt \tag{6-9}$$

式中,C_0 为反应物初始浓度,$\mu g \cdot L^{-1}$;t 为光降解时间,h;其余同式 6-9。

零级反应模型具有以下特性:①反应物浓度与反应时间呈直线关系;②半衰期与初始浓度成正比。

(2)一级反应模型。光降解一级反应方程为:

$$C = C_0 \cdot e^{-kt} \tag{6-10}$$

式中符号意义同上。

一级光降解反应方程主要特征为:①具有以下直线关系:$\ln C = -kt + \ln C_0$;②半衰期与初始浓度无关。

(3)二级反应模型。光降解二级反应方程为:

$$t = \frac{1}{k} \cdot \left(\frac{1}{C} - \frac{1}{C_0} \right) \tag{6-11}$$

式中符号意义同上。

二级光降解反应方程主要特征为:①具有以下直线关系:$1/C = 1/C_0 + kt$;②半衰期与初始浓度成反比。

6.3.1.4 影响荧蒽光降解的因素

在天然水体中,污染物的光降解行为经常受到天然光敏化剂的影响。因此荧蒽的光降解作用除了与其自身性质、光照强度及水体理化性质有关外,还受到光敏化活性物质的影响。

(1)H_2O_2 对光降解的影响。H_2O_2 是水体中 $HO\cdot$ 的主要来源。而 $HO\cdot$ 是具有极强氧化性的活性基团。当 H_2O_2 的浓度发生变化时,$HO\cdot$ 活性基团的数量也随之变化，从而使荧蒽发生羟基化反应，改变光降解速率。在 H_2O_2 存在的条件下，光降解途径方程如下：

$$H_2O_2 + 光子 \rightarrow 2HO \cdot \tag{6-12}$$
$$HO \cdot + 污染物 \rightarrow 产物（间接光降解）\tag{6-13}$$

（2）丙酮对光降解的影响。因为丙酮可以与水以任意比例混合，因此丙酮也广泛存在于天然水体中。研究表明丙酮也可以光解产生 HO·活性基团，当丙酮浓度较低时，产生的 HO·活性基团对污染物的光降解作用占主导地位；随着丙酮浓度的增加，丙酮会与荧蒽产生吸光竞争，反而会抑制荧蒽的光降解。光降解途径方程如下：

$$CH_3COCH_3 \rightarrow CH_3CO + CH_3 \tag{6-14}$$
$$CH_3CO + O_2 \rightarrow HO \cdot + 中间产物 \tag{6-15}$$

（3）泥沙对光降解的影响。黄河为高泥沙河流，平均泥沙含量为 $4.0 \ \mathrm{g \cdot L^{-1}}$，因此研究水体中泥沙对荧蒽的光降解具有重要作用。研究表明，透光率与水体中含沙量之间的关系如下：

$$T = T_0 e^{-bx} \tag{6-16}$$

式中，x 为含沙量；T 为透光强度；T_0 为入射光强度；b 为常数。

因此水体中存在泥沙时，会阻碍光的入射，减弱光强。但是，由于组成泥沙的主要物质为腐殖质，腐殖质在光照条件下也会产生 HO·活性基团，可以促进荧蒽的光降解。

6.3.2　光降解实验设计

6.3.2.1　样品制备

准确称量 0.40mg 的荧蒽固体标准样品，用乙醇配置成浓度为 $8.00\mu\mathrm{g \cdot mL^{-1}}$ 的荧蒽标准溶液。量取 1mL 加入 100mL 超纯水中稀释为 $80.00\mu\mathrm{g \cdot L^{-1}}$ 的荧蒽水溶液。每个样品配置两个平行样，分装于 10 个石英试管中，密封。

6.3.2.2　光降解实验方法

将配置好的水、冰样品置于冰箱（水样反应温度为 4℃，冰样反应温度为 -15℃）中，并用高压汞灯（125W、19500Lx）照射。定时取出两个平行样品。在实验中，要设置暗反应对照，所有玻璃器皿进行灭菌以消除生物降解的影响。

6.3.2.3 光敏化剂对光降解影响实验方法

参照黄河水体中 H_2O_2、丙酮及泥沙的含量，分别考察 H_2O_2（$0.1\mu mol \cdot L^{-1}$、$1.0\mu mol \cdot L^{-1}$、$10\mu mol \cdot L^{-1}$）、丙酮（0.02%、0.20%、2.00%；V/V）、泥沙（$1.0g \cdot L^{-1}$、$5.0g \cdot L^{-1}$、$10g \cdot L^{-1}$）对光降解的影响。

6.3.3 光降解行为模拟

表层水体中 PAHs 的光降解半衰期为 0.5～20h，这说明太阳辐射在 PAHs 自净过程中起了重要的作用。在天然水体中存在光敏化活性物质，在紫外线照射下可光解产生 HO· 等活性氧物质，会影响 PAHs 的光降解行为。因此研究水体中 PAHs 的光降解行为十分必要。而且对于内蒙古地区，冬季寒冷而漫长，当温度降低时，河水开始结冰，首先是在表层达到过冷状态，形成一层准液层，其性质介于冰水之间。随着温度降低准液层的厚度逐渐增加，污染物会被捕获在准液层中，由于温度、光强及介质的影响，污染物的光降解行为会产生变化，由此可见研究冰体中 PAHs 的光降解行为也具有重要意义。

在研究区域内荧蒽组分的检出率较高，因此本研究通过室内实验模拟了紫外光作用下低浓度荧蒽在水相及冰相中的光降解行为，同时考察了 H_2O_2、丙酮及泥沙对水相和冰相中荧蒽的光降解行为的影响。

6.3.3.1 水相中荧蒽的光暗反应对照

配置浓度为 $80\ \mu g \cdot L^{-1}$ 的荧蒽水溶液，放置在反应装置中进行光暗反应对照实验。每隔一定时间取出 2 个平行样品，进行 GC-FID 检测。将所得数据用反应动力学方程进行拟合，计算反应速率常数，拟合结果见表 6.1。由表可知实验数据按照一级反应动力学拟合效果最好，相关系数为 0.940。水相中荧蒽的一级光降解反应动力学方程为：

$$\ln C = 4.111 - 0.031t \tag{6-17}$$

表 6.1 水相中荧蒽光降解动力学方程及参数

模型类型	方程	反应速率常数/（$\mu g \cdot L^{-1} \cdot h^{-1}$）	半衰期（$t_{1/2}$）	R^2
零级方程	$C = -0.873t + 49.69$	0.873	11.10	0.747
一级方程	$\ln C = -0.031t + 4.111$	0.031	13.62	0.940
二级方程	$1/C = 0.0125 + 0.001t$	0.001	12.50	0.903

荧蒽在暗反应中基本没有进行降解，同时可以认为荧蒽在实验中的自然挥发可以忽略不计。在实验中，用发射波长为 365nm 的紫外灯照射，由于荧蒽分子中存在带有 π 电子的光吸收基团，能够吸收紫外光，可以发生直接光降解，因此荧蒽的含量逐渐降低，在 72h 之后含量从 $80\mu g \cdot L^{-1}$ 到 $8.38\mu g \cdot L^{-1}$，且降解率几乎达到 90%（图 6.23）。

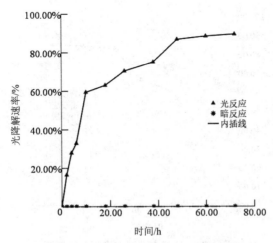

图 6.23 水相中荧蒽的光暗反应对照

6.3.3.2 冰相中荧蒽的光暗反应对照

本研究配置浓度为 $80\ \mu g \cdot L^{-1}$ 的荧蒽水溶液，放置在冰箱中结冰后置于反应装置中进行光暗反应对照实验。每隔一定时间取出 2 个平行样品，进行 GC-FID 检测。将所得数据用反应动力学方程进行拟合，计算反应速率常数，拟合结果见表 6.2。由表可知实验数据按照一级反应动力学拟合效果最好，相关系数为 0.9629。冰相中荧蒽的一级光降解反应动力学方程为：

$$\ln C = 4.3359 - 0.0293t \tag{6-18}$$

表 6.2 冰相中荧蒽光降解动力学方程及参数

模型类型	方程	速率常数/ $(\mu g \cdot L^{-1} \cdot h^{-1})$	半衰期（$t_{1/2}$）	R^2
零级方程	$C = -1.009t + 70.816$	1.009	30.54	0.886
一级方程	$\ln C = -0.0293t + 4.3359$	0.0293	22.08	0.963
二级方程	$1/C = 0.0125 + 0.001t$	0.001	12.50	0.934

在冰相中避光进行暗反应时，荧蒽的浓度基本没有发生变化。在实验中，荧

蒽在 72 小时之后含量从 80 μg·L^{-1} 到 12.0 μg·L^{-1}，降解率达到 85%（图 6.24）。对比图 6.23，表明水相中荧蒽的直接光降解速率比冰相中快。这与薛洪海对多环芳烃（萘和菲）在冰相和水相中光降解规律的研究所得结论一致。这可能是因为冰相反应温度低，荧蒽分子的自由移动受到限制，与活性基团的碰撞率低，因此反应速率低。

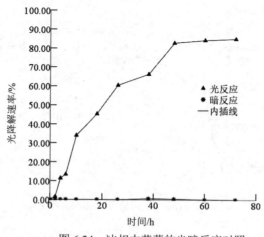

图 6.24　冰相中荧蒽的光暗反应对照

6.3.4　天然光敏化剂对光降解行为的影响

6.3.4.1　H$_2$O$_2$ 对荧蒽光降解的影响

（1）水相中 H$_2$O$_2$ 对荧蒽光降解的影响。天然水体中存在 nmol·L^{-1}～μmol·L^{-1} 的 H$_2$O$_2$，其能在光的照射下分解生成 HO·。HO·能和冰相中的荧蒽进一步发生反应。本研究考察了水相中不同浓度 H$_2$O$_2$（0.1μmol·L^{-1}，1.0μmol·L^{-1} 和 10μmol·L^{-1}）对荧蒽光降解的影响，并与没有添加 H$_2$O$_2$ 时的光降解结果进行比较（图 6.25），结果表明添加低浓度 H$_2$O$_2$ 时的光降解反应仍符合一级反应动力学方程，由图可以看出，加入 10.0μmol·L^{-1} 的 H$_2$O$_2$ 时荧蒽降解速率最快。

低浓度 H$_2$O$_2$ 的添加抑制了荧蒽的降解，且 0.1μmol·L^{-1} 的抑制作用较强，反应 2h 后，加入 0.1μmol·L^{-1} 和 1.0μmol·L^{-1} 的 H$_2$O$_2$ 降解率分别为 3.94% 和 10.4%，对比不加 H$_2$O$_2$ 时，荧蒽的降解率分别降低了 12.59% 和 6.1%。而 10.0μmol·L^{-1}H$_2$O$_2$ 的添加会促进荧蒽的降解，在 2h 后降解率为 17.09%，比不加 H$_2$O$_2$ 时提高了 0.56%

（图 6.26）。这可能是由于低浓度 H_2O_2 产生的 HO·数量有限，在反应初始阶段 HO·很快被耗尽，反应以直接光降解为主。当 H_2O_2 的浓度为 $10\mu mol·L^{-1}$ 时，H_2O_2 产生了大量的 HO·活性基团和荧蒽迅速反应，可以促进荧蒽光降解。

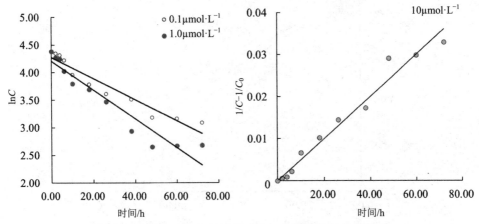

图 6.25　不同 H_2O_2 初始浓度下水相中荧蒽反应动力学拟合

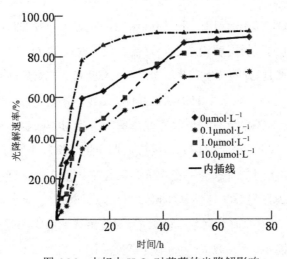

图 6.26　水相中 H_2O_2 对荧蒽的光降解影响

（2）冰相中 H_2O_2 对荧蒽光降解的影响。配置 100 mL H_2O_2 和荧蒽混合溶液，荧蒽浓度为 $80\mu g·L^{-1}$。H_2O_2 的浓度分别为 $0.1\mu mol·L^{-1}$、$1.0\mu mol·L^{-1}$ 和 $10\ \mu mol·L^{-1}$，实验方法同水相，不同浓度的 H_2O_2 作用下冰相中荧蒽的光降解仍符合一级反应动力学方程，低浓度的 H_2O_2 降低了荧蒽的降解速率，而较高浓度 H_2O_2 的添加使降解速率略有提高，拟合结果如图 6.27 所示。

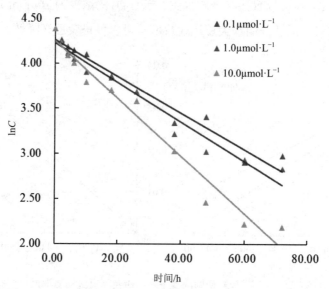

图 6.27　不同 H_2O_2 初始浓度下冰相中荧蒽一级反应动力学拟合

低浓度的 H_2O_2（0.1μmol·L^{-1} 和 1.0μmol·L^{-1}）对光降解的初级阶段有促进作用，随着反应时间的延长降解速率逐渐降低。反应时间为 6h 时，0.1μmol·L^{-1} 和 1.0μmol·L^{-1} 浓度的 H_2O_2 的降解速率分别为 21.45% 和 53.34%（图 6.28）。这可能是由于 H_2O_2 吸收紫外光后产生 HO·活性基团，其具有氧化能力促使荧蒽发生间接降解，但是产生的 HO·数量有限，随着光降解的进行 HO·减少，直接光降解逐渐上升为主导地位。因此低浓度 H_2O_2 在反应后期产生了抑制作用。当 H_2O_2 的浓度为 10μmol·L^{-1} 时，荧蒽的降解速率在 72h 之后几乎达到 90%。这个结果说明高浓度的 H_2O_2 产生了大量的 HO·活性基团可以提高降解速率。

与水相相比，冰相中加入高浓度的 H_2O_2 对荧蒽降解的影响较小，这可能是因为 H_2O_2 存在于冰晶中，光降解产生的 HO·活性基团的扩散速度比水相中慢，所以冰相中 H_2O_2 对荧蒽降解的促进作用不显著。

6.3.4.2　丙酮对荧蒽光降解的影响

（1）水相中丙酮对荧蒽光降解的影响。丙酮在光降解后也可以产生 HO·活性基团。本研究考察了不同含量丙酮（0.02%、0.20% 和 2.00%）对水相中荧蒽光降解的影响，所有反应均符合一级反应动力学方程，拟合结果如图 6.29 所示。

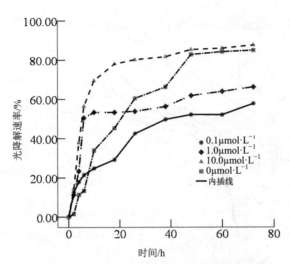

图 6.28　冰相中 H_2O_2 对荧蒽的光降解影响

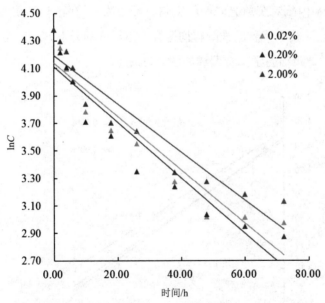

图 6.29　不同丙酮初始浓度下水相中荧蒽一级反应动力学拟合

　　不同浓度的丙酮对荧蒽的光降解均产生抑制作用，2.00%浓度的丙酮抑制作用最强（图 6.30）。反应 72h 后，降解率分别为 75.50%（0.02%丙酮）、77.87%（0.20%丙酮）和 71.40%（2.00%丙酮）。这是因为在紫外线照射下，丙酮不仅仅会产生活性基团，也会与荧蒽竞争吸收紫外线。随着丙酮浓度的增加，虽然产生的活性基团增多，但是竞争作用逐渐占主导地位，因此抑制了荧蒽的光降解。

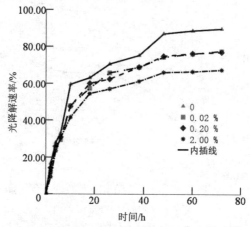

图 6.30　水相中不同浓度丙酮对荧蒽的光降解影响

（2）冰相中丙酮对荧蒽光降解的影响。不同浓度的丙酮（0.02%、0.20%和2.00%）作用下，冰相中荧蒽的光降解均符合一级反应动力学方程，且加入丙酮后反应速率减慢，一级动力学拟合曲线如图 6.31 所示。

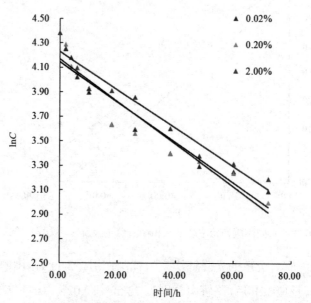

图 6.31　不同丙酮初始浓度下冰相中荧蒽一级反应动力学拟合

添加丙酮在反应初期促进了荧蒽光降解，这与水相中丙酮对荧蒽降解的影响相反，反应达 18h 时，加入 0.02%和 0.20%的丙酮后降解率分别升高了 7.23%和 7.24%，随着反应时间的延长促进作用逐渐减弱，26h 时降解率反而比不加丙酮时下降了 6.05%和 2.00%；对于较高浓度的丙酮，反应 18h 后，便表现出抑制作用，降解率降低了 4.08%（图 6.32）。这可能是因为结冰过程中，丙酮因为冷冻浓缩效应聚集在准液层中，会产生较多的 HO·活性基团，从而促进了荧蒽的降解，随着反应时间延长，丙酮的竞争吸光作用上升为主导地位。

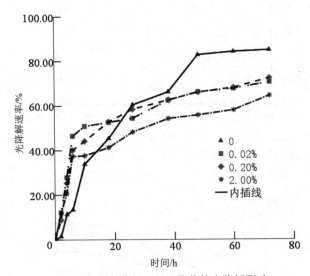

图 6.32　冰相中丙酮对荧蒽的光降解影响

6.3.4.3　泥沙对荧蒽光降解的影响

（1）水相中泥沙对荧蒽光降解的影响。本研究考察了不同泥沙含量（0g·L^{-1}、1.0g·L^{-1}、5.0g·L^{-1} 和 10.0g·L^{-1}）对水中荧蒽光降解的影响，加入泥沙后所有反应均符合一级反应动力学方程，拟合曲线如图 6.33 所示。实验结果显示了加入泥沙后均降低了反应速率，一级反应动力学速率常数分别为 0.020μg·L^{-1}·h^{-1}（1.0g·L^{-1}）、0.021μg·L^{-1}·h^{-1}（5.0g·L^{-1}）和 0.016μg·L^{-1}·h^{-1}（10.0g·L^{-1}）。

在整个降解反应过程中，添加不同含沙量的泥沙均抑制了荧蒽的降解（图 6.34）。这与夏星辉等研究泥沙含量对屈及苯并[α]芘在水相中光降解的影响所得结果一致。说明泥沙中腐殖质对水相中荧蒽光降解的影响不显著，因此泥沙在阻碍光的入射后抑制了荧蒽的降解。

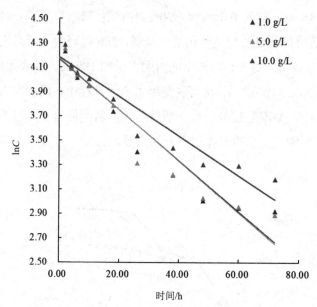

图 6.33　不同含沙量下水相中荧蒽一级反应动力学拟合

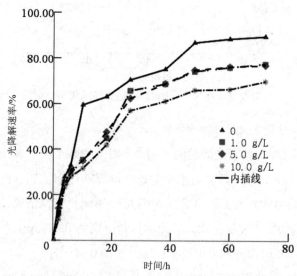

图 6.34　水相中泥沙含量对荧蒽的光降解影响

　　（2）冰相中泥沙对荧蒽光降解的影响。冰相中不同泥沙含量对荧蒽光降解的影响实验表明，加入泥沙后所有反应均符合一级反应动力学方程，与水相中荧蒽降解情况相同，加入泥沙后反应速率常数均有所降低，拟合结果如图 6.35 所示。

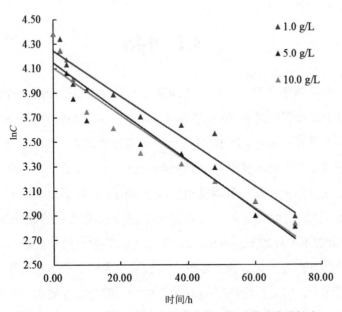

图 6.35　不同含沙量下冰相中荧蒽一级反应动力学拟合

在反应初期，添加不同含沙量的泥沙均促进了荧蒽的降解，随着反应时间的延长，促进作用逐渐减弱，在 38h 后，表现为抑制作用（图 6.36）。这可能是由于泥沙中溶解性腐殖质在结冰过程中浓缩在冰相的准液层中，会产生较多的 HO·自由基，反应一段时间后，HO·消耗完毕，泥沙主要通过阻光作用影响荧蒽光降解。

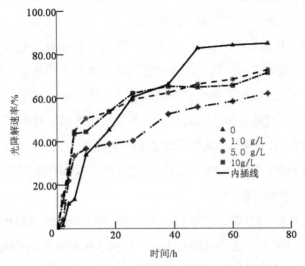

图 6.36　冰相中泥沙含量对荧蒽的光降解影响

6.4　小结

（1）采用室内静态试验研究不同含沙量及不同污染物初始浓度对吸附解吸行为的影响，确定泥沙颗粒对 PCBs 的吸附平衡时间，并运用吸附解吸模型对 PCBs 在泥沙上的吸附量进行拟合，PCBs 在泥沙上的吸附表现为"两阶段"，在 10 小时内达到动态平衡，在初始浓度相同、含沙量不同时，PCBs 的平衡吸附量随含沙量增加而降低；在含沙量相同、吸附质初始浓度不同的条件下，单位重量泥沙的吸附量与 PCBs 初始浓度呈正相关。PCBs 在泥沙中的吸附等温线呈非线性，Freundlich 吸附等温方程和 Langmuir 吸附等温方程的拟合效果较好。

（2）探讨温度、pH 值、离子浓度、有机质及泥沙含量等相关环境因子对吸附解吸行为的影响，结果证明温度、pH 值、离子强度及泥沙质量与吸附量呈负相关，有机质含量增加有利于泥沙对 PCBs 的吸附。

（3）通过室内模拟实验系统研究了 2,4,5-三氯联苯在冰相中的分布规律、冰融化过程中的释放规律及其在冰-水混合体系中的分配规律，结果表明：2,4,5-三氯联苯溶液完全结冰后，三氯联苯在冰相中的分布表现为由上向下逐渐增加，即冰相上层三氯联苯浓度最低，冰相下层三氯联苯浓度最高。温度和浓度对三氯联苯的这种分布规律几乎没有影响，pH 有一定的影响，冰相上层三氯联苯浓度仍然较低，但冰相下层三氯联苯浓度不一定最高。

2,4,5-三氯联苯从冰相中释放时，大量的三氯联苯在冰融最初阶段迅速释放出来，随后发生较少量的均匀释放。浓度对冰相中三氯联苯的释放总趋势几乎没有影响。强酸强碱对冰融后期三氯联苯的释放有一定的影响：强酸条件下三氯联苯的释放量逐渐增加，强碱条件下三氯联苯的释放量先增加后减少。

冰-水混合体系中，2,4,5-三氯联苯在水相中的浓度均大于其在冰相中的浓度，三氯联苯的冰-水分配系数为 0.37～0.55。温度、浓度及 pH 对三氯联苯在冰-水混合体系中的分配几乎没有影响。

（4）采用紫外光（125W、19500Lx）为光源，研究低浓度荧蒽在水相及冰相中的光降解行为，结果表明，紫外光照射下，水相及冰相中荧蒽均可以发生直接光降解，且符合一级反应动力学方程。水相中荧蒽的光降解速率常数为 $0.031\mu g \cdot L^{-1} \cdot h^{-1}$，半衰期为 13.62h，冰相中荧蒽的光降解速率常数为 $0.0293\mu g\cdot L^{-1}\cdot h^{-1}$，半衰期为 22.08h。

（5）水相中加入较高浓度的 H_2O_2 时对荧蒽降解表现为极大的促进作用，且降解反应不再符合一级反应动力学方程，而较低浓度的 H_2O_2 抑制了荧蒽的降解；冰相中添加不同浓度的 H_2O_2 后，荧蒽的降解均符合一级反应动力学方程，低浓度的 H_2O_2（$0.1\mu mol\cdot L^{-1}$ 和 $1.0\mu mol\cdot L^{-1}$）对光降解的初级阶段有促进作用，随着反应时间的延长降解速率逐渐降低，而较高浓度 H_2O_2 的添加使降解速率略有提高。

（6）添加丙酮后，水相及冰相中荧蒽光降解反应均符合一级反应动力学方程，不同浓度的丙酮均抑制了水相中荧蒽的光降解，较高浓度的丙酮抑制作用最强；冰相中加入丙酮在反应初期促进了荧蒽光降解，随着反应时间的延长逐渐变为抑制作用。加入泥沙后，水相及冰相中荧蒽光降解反应均符合一级反应动力学方程。添加不同含量的泥沙均抑制了水相中荧蒽的降解；对于冰相，在反应初期，泥沙对降解表现为促进作用，一段时间后降解速率减慢。

第7章　典型 POPs 风险评价

7.1　风险评价理论及方法

环境风险评价是指以风险度作为指标，来评估人类活动带来的污染对人体健康、社会经济、生态系统等造成的风险，并据此进行管理和决策的过程。根据承受风险的对象不同，将风险评价研究分为人体健康风险评价和生态环境风险评价两方面。目前人体健康风险评价的方法已基本成型，生态风险评价正处于完善阶段。风险评价起步于 20 世纪 70 年代至 80 年代初期，1983 年美国国家科学院在《联邦政府的风险评价：管理程序》中提出风险评价"四步法"。目前我国也采用上述方法对环境风险进行评价。"四步法"具体为：危害鉴别、剂量-反应评价、暴露评价和风险表征。危害鉴别是确定污染物是否够产生致癌性，致癌物健康风险的表征为终身超额癌症发病率，非致癌物健康风险的表征为风险系数（暴露量与危害阈值之比）；剂量-反应评价是定量估算有害因子暴露水平与暴露人群或生态系统中的种群、群落等出现不良效应发生率间的关系的过程。对于致癌物是利用外推模型进行评价的，非致癌物一般采用最大无作用剂量法推出参考剂量或参考浓度；暴露评价是研究生物体通过呼吸、皮肤接触、饮食等多种途径暴露于污染物下，对暴露量的大小、频率、持续时间等进行估算的过程；风险表征是指把前三步的分析结果总结后确定有害结果发生的可能性及评价结果的不确定性。

7.1.1　健康风险评价

健康风险评价（Health Risk Assessment，HRA）是用来评价人体暴露于某种环境中受到影响的程度，它具有跨学科性，以风险度作为评价指标，通过估算因子来评价人体暴露于该因子下受到不良影响的概率。

7.1.1.1　健康风险评估方法

目前，多数研究采用美国科学研究院提出的四步骤健康风险评价方法，即危害鉴别、剂量-反应评价、暴露评价和风险表征。在评价过程中，前三个步骤为必要步骤，最后一个为非必要步骤。

（1）危害鉴别。危害鉴别的意义在于识别或鉴定目标污染物对人体或者环境存在的潜在危害或影响。这一阶段需要确定的是：找一些证据证明污染物的存在确实对人体或者环境有危害，危害的程度多大，污染物的剂量达到多大时才会对人体和环境造成影响或危害，人们怎样做才能避免受到威胁。

在评审某种污染物是否对人体或环境造成影响或危害时，通常要从该目标污染物的现有毒理学和流行病学资料入手，对于新污染物来说，则要积累较完整的、可信度高的资料才能去确定它是否对人体或环境造成危害。

流行病学的资料比较具有说服力，也比较可靠，但是在一般情况下，流行病学研究难以得到污染物准确的暴露资料，比如实际浓度、污染物种类等，而且流行病学资料使用有限制，比如说研究对象的差异就造成结论不能通用。

与流行病学资料相比，动物的实验研究就可以相对好地确定污染物质的暴露情况、暴露所产生的效应等。特别是对于一些新的污染物来说，动物实验最具有说服力，也是解决新化学品缺乏资料问题的唯一途径。所以，在人们去做某一污染物的健康风险评价时，动物实验研究资料就成了首选资料，并且选择的动物实验研究中动物在环境中的暴露途径要尽量与人们实际暴露情况接近。

危害鉴别的程序如图 7.1 所示。

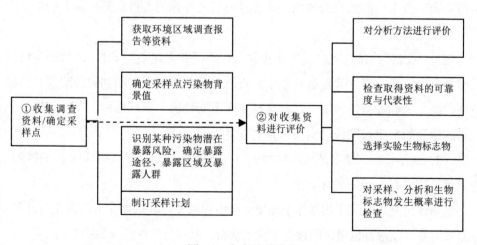

图 7.1 危害鉴别程序

　　根据化学物质的致癌性可将化学物分为致癌物质和非致癌物质两大类。其实，非致癌物质也是具有致癌效应的。

　　美国环境保护署综合风险信息系统（IRIS）和国际致癌研究所（IARC）将化学物质的致癌性分别分为了五类、四类，具体分类如图 7.2 所示。

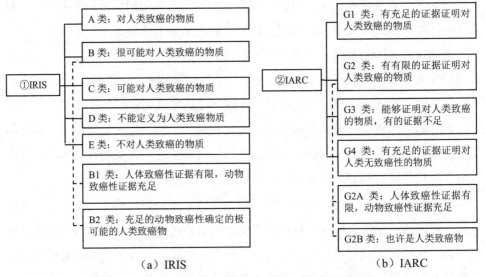

（a）IRIS　　　　　　　　　　（b）IARC

图 7.2　IRIS 和 IARC 机构对化学物质的致癌性分类

　　（2）剂量-反应评价。剂量-反应评价是通过人群研究或动物实验的资料，确定污染物适合人的剂量反应曲线，并计算出与之接触的人群在某种暴露剂量下的不良健康反应发生率。

　　剂量-反应评价是在各种研究和实验数据的基础上建立起来的，流行病学资料当然是首选资料，其次就是暴露水平最接近人群暴露水平的动物的长期致癌实验资料，在二者都没有的情况下，则选择用在不同种属、不同性别、不同剂量和不同暴露途径的多组长期致癌实验估算出剂量-反应关系。

　　（3）暴露评价。暴露是指污染物质与人体外界面（皮肤、鼻、口等）的接触。通常污染物质存在于环境介质中。

　　暴露评价是指对污染物暴露于环境介质中的浓度、强度、频率和时间进行评价、预测或估算，是进行健康风险评价的定量依据。暴露评价的内容如图 7.3 所示。

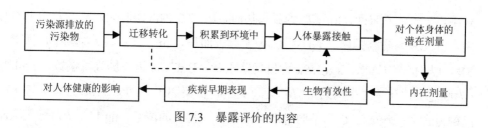

图 7.3 暴露评价的内容

（4）风险表征。风险表征是健康风险评价的最后部分，主要是对前面三个阶段的结果进行综合分析，对有害因子的风险大小进行分析，最后是风险表征报告。在风险表征的过程中会进行不确定性分析，主要分析整个评价过程中可能产生的不确定环节。

7.1.1.2 风险分类

（1）致癌风险评价。致癌性物质被认为其只要有微量存在，就会对人体造成危害，因此没有剂量阈值，其风险值用长期日摄入量与致癌斜率因子的乘积来定义。计算公式为：

终生超额风险度（R）计算：

当致癌风险因子小于 0.01 时：

$$R = SF \times E \tag{7-1}$$

当致癌风险因子大于 0.01 时：

$$R = 1 - \exp(-SF \times E) \tag{7-2}$$

式中，SF 为化学致癌物的致癌斜率系数，$kg \cdot d^{-1} \cdot mg^{-1}$；$E$ 为暴露计量率，$kg \cdot d^{-1} \cdot mg^{-1}$。

长期日摄入量计算：

饮水暴露途径：

$$E_W = \frac{C \times IR_W \times EF \times ED}{BW \times AT} \tag{7-3}$$

食鱼暴露途径：

$$E_f = \frac{C \times BF \times IR_f \times ED}{BW \times AT} \tag{7-4}$$

皮肤接触暴露途径：

$$E_s = \frac{I \times A_{sd} \times EF \times FE \times ED}{BW \times AT \times f} \tag{7-5}$$

$$I = 2 \times 10^{-3} \times k \times C \times \sqrt{6 \times \tau \times TE / \pi} \tag{7-6}$$

式中，τ 为延滞时间，h；ED 为暴露历时，a；TE 为洗澡时间，h；AT 为平均时间，d；EF 为暴露频率，d·a^{-1}；A_{sd} 为人体表面积，cm^2；FE 为洗澡频率，次·d^{-1}；BW 为人体平均体重，kg；IR_W 为日均饮水量，L·d^{-1}；k 为皮肤吸附参数，cm·h^{-1}；f 为肠道吸附比率，量纲为 1；BF 为鱼类生物富集因子，L·kg^{-1}；IR_f 为鱼类等水产品的进食率，kg·a^{-1}；C 为不同时期样品中目标物质的浓度，ng·L^{-1}；I 为每天洗澡皮肤对污染物的吸附量 mg·cm^{-2}·次。

（2）非致癌风险评价。终生非致癌风险评价常用健康危害指数（HI）进行描述，计算方法如下：

$$HI = E / RfD \tag{7-7}$$

式中，RfD 为参考剂量，mg·kg^{-1}·d^{-1}；E 的计算方法同致癌风险暴露剂量率。

假设水体中污染物对人体的健康危害毒性可线性相加，因此致癌风险和非致癌风险之和为总体健康风险。

7.1.2 生态风险评价

USEPA 于 1992 年提出了生态风险评价的概念，即研究由于一种或多种压力导致可能或正在产生不利生态效应的过程。该方法是用来评估由于有毒物质排放、人类活动和自然灾害产生非预期影响的可能性和强度，对暴露和影响进行定量研究的一整套方法。评价过程分为 4 个主要阶段：制订分析和风险表征的计划，明确风险评价的目的；风险评估识别，预测可能的危害及范围；研究不同影响因素的特征、程度及范围；风险评估表征。目前生态风险评价是定量研究有毒污染物生态危害的重要手段，生态风险评价方法有以下几种：

（1）商值法。商值法是传统的生态风险评价方法，是评估单一污染物对生态环境是否具有潜在风险的半定量方法，即根据经验或实验设定某一污染物组分的浓度标准，再将污染物实测浓度与其进行对比获得商值。商值不是风险概率的统计值，只能用于对风险的初步粗略估计，其计算结果存在着很多不确定性。其计算方法为：

$$HQ = 暴露浓度 / TRV \tag{7-8}$$

式中，暴露浓度为测定的水体中 PAHs 的实际浓度值，μg·L^{-1}；TRV 为毒性参考值，μg·L^{-1}。

当商值大于 1 时，说明存在风险，根据大小依次可分为低风险、较高风险和高风险。反之则表示污染尚处于可以接受的程度。该方法成本低且计算简单，容易获得数据和污染物浓度标准，因此可用于生态风险的初步评价，但是此方法为半定量法，评价水平较低，而且这一方法没有考虑暴露浓度和毒性数据的不确定性和变异性。Muller 和 Hakanson 总结此方法的不足并对其进行了改进，分别提出了地质累积指数法和潜在生态风险指数法。但是由于无法反映污染物浓度受体效应之间的关系，仍存在不足之处。

（2）概率风险评价方法。目前普遍应用的概率风险评价方法有概率密度函数重叠面积法和联合概率曲线法。概率密度函数重叠面积法是通过计算污染物暴露浓度概率密度曲线与毒性参数概率密度曲线的重叠面积，考察污染物对生态系统的毒害程度。联合概率曲线法是以毒性累计概率为横坐标，污染物暴露浓度的反累计概率为纵坐标，进行拟合，反映不同水平下污染物的生态风险。概率风险评价方法充分考虑了暴露浓度和毒性数据的不确定性，因此通过概率风险评价方法可以准确地评估单一污染物对水生生物的毒性影响。

（3）联合生态风险评价方法。在环境中水生生物往往受到多种物质的混合污染，如果仅考虑单体污染物的毒性效应，可能会低估污染物对生态系统的危害。研究表明，当污染物致毒机理相同时，其总毒性效应可以通过单体效应的叠加表现。因此提出了联合生态风险评价方法，即基于等效系数的概念，对多种污染物共同作用进行叠加，并结合概率风险评价多种污染物对水生生态系统的危害。

（4）加拿大沉积物环境质量标准方法评价。加拿大环境委员会制定了海洋与河口沉积物质量标准，用来为保持水生生态系统的长期稳定健康设立参考值，当污染物处于不同水平时会引起生物的不同效应，若水平低于 ISQG（21.5ng·g^{-1}），生物极少对尚可接受的威胁产生负效应；若水平大于 ISQG（21.5ng·g^{-1}）及小于 PEL（189ng·g^{-1}），生物产生负效应的概率增加，因为其感受到了较高的威胁指数；若水平大于 PEL（189ng·g^{-1}），生物产生负效应的概率最高，这时生物感受到了强烈的威胁感。

（5）毒性当量浓度（Toxic Equivalent Quantity，TEQ）法。毒性当量因子 TEF 即将某 PCB 同系物的毒性与 2,3,7,8 四氯二苯并-对-二噁英 2,3,7,8-TCDD（2,3,7,8-tetrachlorodibenzo-D- dioxin）的毒性相除得到的比例系数，将样品中多

氯联苯同系物的质量浓度或质量分数与其对应毒性当量因子相乘，所得到的即为其毒性当量（TEQ）质量浓度或质量分数，而样品中多氯联苯的毒性大小就等于样品中各同系物的 TEQ 的总和。公式如下：

$$TEQ = \sum(F_{TEF,i} \times \rho_i) \tag{7-9}$$

式中，TEQ 为 PCB 同系物的毒性当量；$F_{TEF,i}$ 为 PCB 同系物毒性当量因子；ρ_i 为 PCB 同系物的质量浓度。

WHO 2005 年推荐的毒性当量因子 TEF 见表 7.1。

表 7.1　WHO 2005 年推荐的毒性当量因子 TEF

PCBs	81	77	123	118	114	105
TEF	0.0003	0.0001	0.00003	0.00003	0.00003	0.00003
PCBs	126	167	156	157	169	189
TEF	0.1	0.00003	0.00003	0.00003	0.03	0.00003

可以将多氯联苯的毒性情况划分出以下几个端点值：临界效应含量（TEC，$35ng \cdot g^{-1}$）、中等效应含量（MEG，$340ng \cdot g^{-1}$）以及极端效应含量（EEC，$1600ng \cdot g^{-1}$）。其中，当样品的目标值低于 TEG 时，其毒性可以忽略不计；若测量样品的毒性高于 EEC，则说明样品中多氯联苯毒性很强。

7.2　健康风险评价模型

7.2.1　畅流期 HCHs 健康风险评价

即便 HCHs 已经被禁止生产和使用三十多年，但是在黄河中依然有高浓度残留物，研究黄河中 HCHs 对人类的危害有着重大意义。

黄河内蒙古段地处我国北方寒冷地区，冰封期较长，一些污染物在冰封期会滞留在冰体中，在来年开河时可能会对水体产生二次污染。在畅流期，因有周边环境污染物的输入，一般畅流期污染物的浓度要高于流凌期污染物浓度。本研究从饮水、食鱼和皮肤接触三个途径对典型断面头道拐畅流期水相中 HCHs 建立健康风险评价模型，以期为沿岸人民用水安全提供一定的依据，为未来研究黄河内蒙古段提供数据支持。

7.2.1.1 模型参数选择

HCHs 的化学和毒理学参数致癌斜率系数 SF、非致癌参考剂量 RfD 取值见表 7.2。饮水率 IR_W 取 2L·d^{-1}；暴露频率 EF 取 365d·a^{-1}；暴露历时 ED 非致癌物取 30a，致癌物取 70a；洗澡频率 FE 取 0.3 次·d^{-1}；平均暴露时间 AT 非致癌物取 30a，致癌物取 70a；人体表面积 A_{sd} 取 16600cm^2；延滞时间 τ 取 1h；洗澡时间 TE 取 0.4h；人体平均体重 BW 取 70kg；鱼类等水产品进食率 IR_f 取 10kg·a^{-1}；鱼类生物富集因子 BF 取 372L·kg^{-1}；肠道吸附比率 f 取 1，量纲为 1；皮肤吸附参数 k 取 0.001cm·h^{-1}。

表 7.2 HCHs 的致癌斜率系数和非致癌参考剂量

污染物	致癌斜率系数（SF）/（kg·d·mg^{-1}）			非致癌参考剂量（RfD）/（mg·kg^{-1}·d^{-1}）		
	饮水途径	食鱼途径	皮肤途径	饮水途径	食鱼途径	皮肤途径
α-HCH	6.3	6.3	6.3	0.008	0.008	0.008
β-HCH	1.8	1.8	1.98	0.0002	0.0002	0.0002
γ-HCH	1.3	1.3	1.34	0.0003	0.0003	0.0003
δ-HCH	1.8	1.8	1.8	0.0003	0.0003	—

注 "—"表示没有查到相关数据。

7.2.1.2 健康风险评价结果分析

根据 USEPA 定义非致癌风险指数小于 1.0，致癌风险指数小于 1.0×10^{-4} 时，认为对人体的健康风险是可接受的。本节研究内容，根据上述健康风险评价模型，分别计算出头道拐非冰封期水样中 HCHs 的四种异构体[α-HCH、β-HCH、γ-HCH（林丹）、δ-HCH]，皮肤、饮水、食鱼三种途径的健康风险指数见表 7.3，可见，黄河头道拐非冰封期水样 HCHs 总风险为开河期（6.96×10^{-2}）>畅流期（4.18×10^{-2}）>流凌期（3.45×10^{-2}），其中，最大值为开河期 δ-HCH，总风险值为 4.89×10^{-2}。

对于致癌风险，由表 7.3 和图 7.4 可见，HCHs 的四种异构体 α-HCH、β-HCH、γ-HCH 和 δ-HCH 的致癌风险指数均为食鱼途径>饮水途径>皮肤途径，经计算，食鱼途径占总致癌风险值的 84%，是主要的致癌风险贡献途径；开河期 δ-HCH 食鱼途径致癌风险指数最高，为 1.32×10^{-5}。总致癌风险指数 δ-HCH>γ-HCH>α-HCH>β-HCH，其中 δ-HCH 占总致癌风险的 96%，由此可知，δ-HCH 是致癌风险的主要贡献者。由表 7.3 可知，黄河头道拐非冰封期 HCHs 的四种主要异构体致癌风险计算结果均小于 $1.0×10^{-4}$，因此认为黄河头道拐非冰封期 HCHs 不会对人体产生明显的致癌危害。

对于非致癌风险，由表 7.3 和图 7.5 可见，HCHs 的四种异构体 α-HCH、β-HCH、γ-HCH 和 δ-HCH 的非致癌风险指数均为食鱼途径>饮水途径>皮肤途径，且食鱼途径占总非致癌风险值的 90%，是主要的非致癌风险贡献途径；且在开河期 δ-HCH 食鱼途径非致癌风险指数最高，为 $4.41×10^{-2}$。总非致癌风险指数 δ-HCH>β-HCH > γ-HCH >α-HCH，其中 δ-HCH 占总致癌风险的 51%、24%、23%、2%。由表 7.3 可知，黄河头道拐非冰封期 HCHs 的四种主要异构体非致癌风险计算结果均小于 1，因此认为黄河头道拐非冰封期 HCHs 不会对人体产生明显的非致癌危害。

表 7.3　头道拐断面非冰封期水相 HCHs 健康风险指数

监测时期	物质	致癌风险			非致癌风险			总风险	总和
		皮肤	水	食鱼	皮肤	饮水	食鱼		
流凌期	α-HCH	$1.89×10^{-12}$	$4.34×10^{-07}$	$2.21×10^{-06}$	$3.75×10^{-11}$	$8.61×10^{-06}$	$2.76×10^{-04}$	$2.88×10^{-04}$	$3.45×10^{-02}$
	β-HCH	$1.20×10^{-12}$	$2.51×10^{-07}$	$1.28×10^{-06}$	$3.03×10^{-09}$	$6.96×10^{-04}$	$6.39×10^{-03}$	$7.08×10^{-03}$	
	γ-HCH	$1.89×10^{-12}$	$4.21×10^{-07}$	$2.15×10^{-06}$	$4.70×10^{-09}$	$1.08×10^{-03}$	$7.15×10^{-03}$	$8.24×10^{-03}$	
	δ-HCH	$4.35×10^{-12}$	$1.00×10^{-06}$	$5.10×10^{-06}$	—	$1.85×10^{-03}$	$1.70×10^{-02}$	$1.88×10^{-02}$	
开河期	α-HCH	$7.51×10^{-12}$	$1.72×10^{-06}$	$8.79×10^{-06}$	$1.49×10^{-10}$	$3.42×10^{-05}$	$1.10×10^{-03}$	$1.14×10^{-03}$	$6.96×10^{-02}$
	β-HCH	$2.18×10^{-12}$	$4.55×10^{-07}$	$2.32×10^{-06}$	$5.50×10^{-09}$	$1.26×10^{-03}$	$1.16×10^{-02}$	$1.29×10^{-02}$	
	γ-HCH	$1.53×10^{-12}$	$3.41×10^{-07}$	$1.74×10^{-06}$	$3.80×10^{-09}$	$8.74×10^{-04}$	$5.79×10^{-03}$	$6.66×10^{-03}$	
	δ-HCH	$1.13×10^{-11}$	$2.60×10^{-06}$	$1.32×10^{-05}$	—	$4.81×10^{-03}$	$4.41×10^{-02}$	$4.89×10^{-02}$	
畅流期	α-HCH	$7.52×10^{-12}$	$1.73×10^{-06}$	$8.81×10^{-06}$	$1.49×10^{-10}$	$3.43×10^{-05}$	$1.10×10^{-03}$	$1.15×10^{-03}$	$4.18×10^{-02}$
	β-HCH	$1.66×10^{-12}$	$3.46×10^{-07}$	$1.76×10^{-06}$	$4.18×10^{-09}$	$9.61×10^{-04}$	$8.81×10^{-03}$	$9.78×10^{-03}$	
	γ-HCH	$2.90×10^{-12}$	$6.46×10^{-07}$	$3.29×10^{-06}$	$7.21×10^{-09}$	$1.66×10^{-03}$	$1.10×10^{-02}$	$1.26×10^{-02}$	
	δ-HCH	$4.21×10^{-12}$	$9.68×10^{-07}$	$4.93×10^{-06}$	—	$1.79×10^{-03}$	$1.64×10^{-02}$	$1.82×10^{-02}$	
总计		—	$4.81×10^{-12}$	$1.09×10^{-05}$	$5.56×10^{-05}$	$2.88×10^{-08}$	$1.51×10^{-02}$	$1.31×10^{-01}$	—

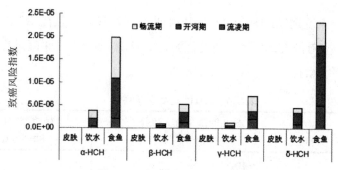

图 7.4　不同途径 HCHs 致癌风险

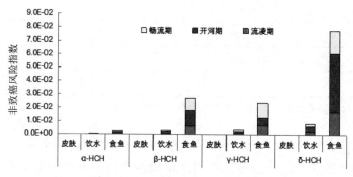

图 7.5　不同途径 HCHs 非致癌风险

7.2.2　冰封期 PAHs 健康风险评价

根据 USEPA 对 PAHs 致癌性的分类，本研究选择了 6 种 PAHs（芴、菲、蒽、荧蒽、芘及苯并[α]芘）分别进行致癌风险及非致癌风险评价。

7.2.2.1　模型参数选择

PAHs 的毒理学参数见表 7.4。其余参数：饮水率 IR_W 取 2.2L·d^{-1}；暴露频率 EF 取 365d·a^{-1}；暴露历时 ED 非致癌物取 30a，致癌物取 70a；洗澡频率 FE 取 0.3 次·d^{-1}；平均暴露时间 AT 非致癌物取 30a，致癌物取 70a；人体表面积 A_{sd} 取 16600cm^2；延滞时间 τ 取 1h；洗澡时间 TE 取 0.4h；人体平均体重 BW 取 70kg；肠道吸附比率 f 取 1；皮肤吸附参数 k 取 0.001cm·h^{-1}。

7.2.2.2　健康风险评价结果分析

本研究中，利用公式分别计算出研究河段不同时期 8 个采样断面 6 种 PAHs 饮水、洗浴途径的健康风险指数（附表 1～3），研究河段总风险指数冰封期

（4.16×10^{-4}）＞流凌期（3.18×10^{-4}）＞开河期（2.63×10^{-5}），且在 S7 最高。主要原因是由于 S7 位于包头最大排污河的下游,而且冰封期包头在采暖过程中煤的燃烧会产生更多的 PAHs。

表 7.4　PAHs 的毒理学特性

PAHs	参考剂量（食入途径）/（mg·kg^{-1}·d^{-1}）	致癌斜率因子（kg·d·mg^{-1}）
Fl	4.0×10^{-2}	—
Phe	—	—
Ant	3.0×10^{-1}	—
Fla	4.0×10^{-2}	—
Pyr	3.0×10^{-2}	—
Bap	—	7.3

注　"—"为无参考数据，评价时按表中最小值计算。

对于致癌风险，从表 7.4 可以看出，研究河段苯并[α]芘饮水途径致癌风险均大于洗浴途径致癌风险，致癌风险指数范围为分别为 1.99×10^{-6}～4.79×10^{-6} 和 2.63×10^{-8}～6.13×10^{-8}。在开河期 S11 断面的风险最高。根据 USEPA 规定当致癌风险指数小于 1.0×10^{-4} 时，认为对人体的健康风险是可以接受的。计算结果表明整个研究河段苯并[α]芘的致癌风险指数数量级均在 10^{-4} 以下，因此认为研究河段的苯并[α]芘不会对人体产生明显的致癌危害。

5 种 PAHs 的非致癌风险程度依次为荧蒽＞芘＞芴＞菲＞蒽（图 7.6），由附表 1～3 可知，非致癌总风险为冰封期（4.12×10^{-4}）＞流凌期（3.18×10^{-4}）＞开河期（2.49×10^{-4}），不同时期 S7、S10 断面的风险均较高（图 7.7）。饮水途径风险均大于洗浴途径风险，风险指数范围分别为 1.20×10^{-5}～9.72×10^{-5} 和 1.58×10^{-7}～1.28×10^{-6}，与 USEPA 规定的非致癌风险数值相比均远远小于 1，说明不会对人体健康产生明显的非致癌危害。但是荧蒽的非致癌风险指数比其余 PAHs 高出 1～2 个数量级，而荧蒽为我国优先控制的污染物，因此其对研究区域人群健康造成的危害不可忽视。

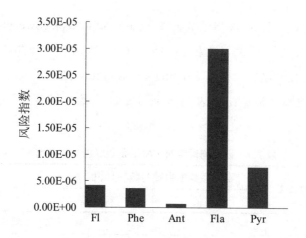

图 7.6　PAHs 单体非致癌风险比较

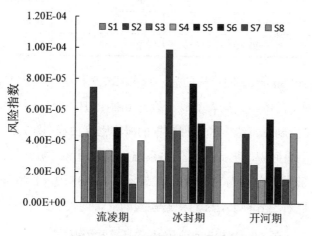

图 7.7　不同时期 PAHs 健康风险评价

7.3　生态风险评价模型

7.3.1　水相中 PAHs 生态风险评价

7.3.1.1　单体 PAHs 的生态风险评价

本研究选择概率密度函数重叠面积法分析研究河段水相及冰相中单体 PAHs

的潜在生态风险。从 USEPA 毒性数据库（https://cfpub.epa.gov/ecotox/）和相关文献中收集芴、菲、蒽、荧蒽、芘及苯并[α]芘 6 种 PAHs 对水生生物的急性毒性数据，进行自然对数转化后，使用 Kolmogorov-Smirnov 法，在 0.05 显著水平下，进行正态分布检验，检验结果表明 6 种 PAHs 半致死浓度均为对数正态分布（表 7.5）。

表 7.5　研究河段 6 种 PAHs 毒性数据分布参数

| PAHs | 样本数 | 毒性数据的自然对数/（μg·L⁻¹） | | 分布类型 |
		平均值	标准差	
Fl	8	6.58	2.33	对数正态分布
Phe	18	6.29	1.42	对数正态分布
Ant	13	2.26	2.82	对数正态分布
Fla	38	5.20	2.50	对数正态分布
Pyr	6	4.09	1.89	对数正态分布
BaP	11	5.20	3.32	对数正态分布

经 Kolmogorov-Smirnov 假设检验后，研究河段水相中 6 种 PAHs 暴露浓度均符合对数正态分布，具体参数见表 7.6。分别对 6 种 PAHs 单体进行概率风险评价，在同一坐标系下，绘制暴露浓度和毒性数据的概率密度曲线（图 7.8），应用 Matlab 计算两条曲线的重叠面积，据此考察生态系统危害的程度。芴、菲、蒽、荧蒽、芘及苯并[α]芘计算结果分别为 6.00×10^{-4}、1.52×10^{-6}、7.83×10^{-2}、1.06×10^{-2}、5.15×10^{-3} 及 1.23×10^{-2}，可以看出 6 种 PAHs 对生态系统的危害均较小。

表 7.6　水相中 6 种 PAHs 暴露浓度分布参数

| PAHs | 暴露浓度的自然对数/（μg·L⁻¹） | | | | 正态检验值 | 分布类型 |
	最小值	最大值	平均值	标准差		
Fl	-2.32	-1.46	-1.98	0.25	0.736	对数正态分布
Phe	-2.88	-1.56	-2.35	0.39	0.880	对数正态分布
Ant	-2.66	-1.46	-2.17	0.32	0.968	对数正态分布
Fla	-2.18	-0.83	-1.51	0.30	0.875	对数正态分布
Pyr	-3.07	-1.43	-2.13	0.40	0.817	对数正态分布
BaP	-2.42	-2.04	-2.21	0.17	0.977	对数正态分布

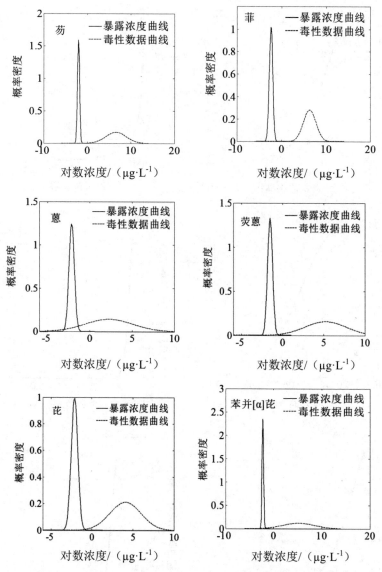

图 7.8　水相中 6 种 PAHs 暴露浓度和毒性数据概率密度曲线

为了更直观地反映 6 种 PAHs 的毒性效应，本研究以毒性累计概率为横坐标，污染物暴露浓度的反累计概率为纵坐标，进行拟合，得到联合概率曲线（图 7.9）。联合概率曲线的位置可以反映 PAHs 生态风险的程度，其越远离坐标轴，说明生态风险越高。从图 7.9 可以看出，危害相对较高的为蒽、荧蒽及苯并[α]芘，其中蒽暴露浓度超过影响边界 5.00%的水生生物的概率为 83.92%，这与其具有相对较高的毒性有关。

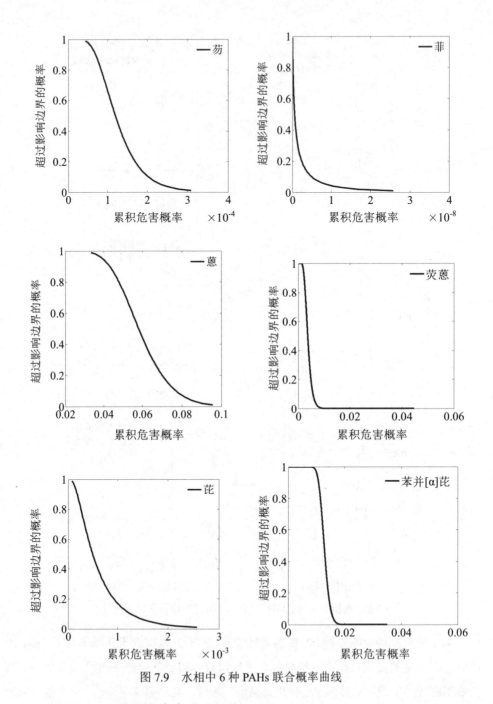

图 7.9　水相中 6 种 PAHs 联合概率曲线

7.3.1.2　ΣPAH 的联合生态风险评价

联合生态风险评价是将实测浓度转为等效浓度，累加后进行总风险分析的方法。等效浓度可以根据 PAHs 浓度对水生生物的毒性响应关系求得，研究表明剂量-响应曲线分为 S 型和指数型，对于 S 型响应，等效浓度计算公式为：

$$C_{\text{等效}} = \frac{\ln LC_{50i}}{e^{\ln LC_{50e}}} \cdot \ln C \tag{7-10}$$

式中，C 为检测出的多环芳烃的浓度，$\mu g \cdot L^{-1}$；LC_{50e} 和 LC_{50i} 分别为苯并[α]芘和所求多环芳烃的半致死浓度均值。

对于简单指数响应关系，计算公式为：

$$C_{\text{等效}} = C \frac{LC_{50i}}{LC_{50e}} \tag{7-11}$$

式中，符号同式（7-10）。

本研究选择水相中 6 种赋存水平较高的 PAHs，分别计算 S 型响应和指数响应下等效浓度，结果表明等效浓度之和均符合对数正态分布，概率密度函数分别为：

$$f(C_{\text{等效-S型}}) = \frac{0.21}{x} \cdot e^{-0.13(x+2.52)^2} \tag{7-12}$$

$$f(C_{\text{等效-指数型}}) = \frac{0.20}{x} \cdot e^{-0.02(x+2.43)^2} \tag{7-13}$$

由图 7.10 计算出上述分布与苯并[α]芘的毒性数据概率密度曲线重叠部分的面积，分别为 0.14 和 0.15，均高出生态风险最大的蒽单独作用下的重叠面积，甚至大于 6 种 PAHs 重叠面积之和（0.107），表现出显著的联合毒性效应。这说明虽然单体 PAHs 对生态系统没有不利影响，但是其联合风险是不可忽视的。

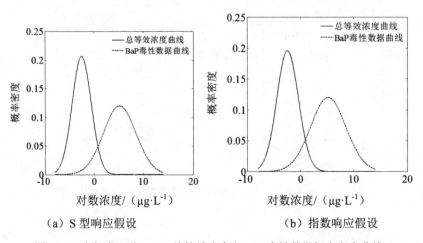

（a）S 型响应假设 　　　　（b）指数响应假设

图 7.10　水相中 6 种 PAHs 总等效浓度和 Bap 毒性数据概率密度曲线

7.3.2 冰相中 PAHs 生态风险评价

7.3.2.1 单体 PAHs 的生态风险评价

研究河段冰相中 4 种 PAHs（菲、蒽、荧蒽及芘）的暴露浓度均符合对数正态分布，具体参数见表 7.7。分别计算暴露浓度概率密度曲线和毒性数据概率密度曲线的重叠面积（图 7.11），结果为蒽（3.72×10^{-2}）＞荧蒽（6.42×10^{-3}）＞芘（2.40×10^{-3}）＞菲（4.75×10^{-8}），且均小于水相中相应 PAHs 产生的风险。联合概率曲线（图 7.12）结果表明冰相中蒽的相对风险较高，暴露浓度超过影响边界 5.00% 的水生生物的概率为 69.96%。

表 7.7　冰相中 4 种 PAHs 暴露浓度分布参数

PAHs	暴露浓度的自然对数/（µg·L⁻¹）				正态检验值	分布类型
	最小值	最大值	平均值	标准差		
Phe	−3.25	−2.41	−2.86	0.27	0.972	对数正态分布
Ant	−2.55	−2.11	−2.30	0.15	0.939	对数正态分布
Fla	−2.31	−1.44	−1.78	0.24	0.941	对数正态分布
Pyr	−3.10	−1.99	−2.45	0.33	0.962	对数正态分布

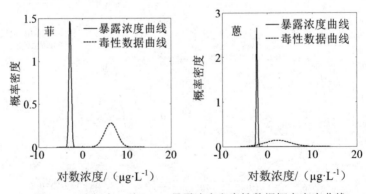

图 7.11　冰相中 4 种 PAHs 暴露浓度和毒性数据概率密度曲线

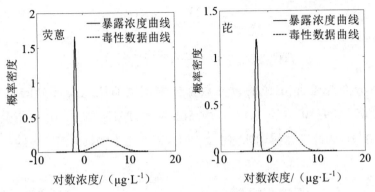

图 7.11 冰相中 4 种 PAHs 暴露浓度和毒性数据概率密度曲线（续图）

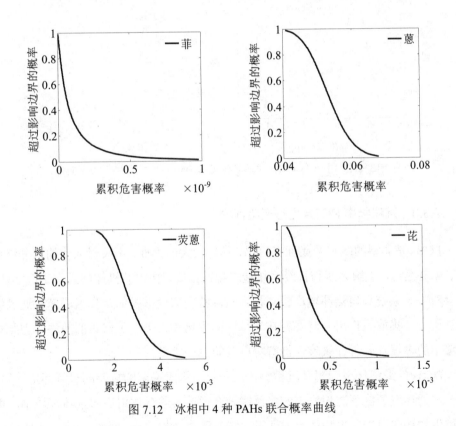

图 7.12 冰相中 4 种 PAHs 联合概率曲线

7.3.2.2 ΣPAHs 的联合生态风险评价

4 种 PAHs 单体在 S 型响应和指数响应下等效浓度之和均符合对数正态分布，概率密度函数分别为：

$$f(C_{等效-S型}) = \frac{0.23}{x} \cdot e^{-0.16(x+3.03)^2} \qquad (7\text{-}14)$$

$$f(C_{等效-指数型}) = \frac{0.22}{x} \cdot e^{-0.16(x+3.06)^2} \qquad (7\text{-}15)$$

两种分布与苯并[α]芘的毒性数据概率密度曲线重叠部分的面积分别为 9.83×10^{-2} 和 9.89×10^{-2}（图 7.13），均高出 4 种 PAHs 独立作用下重叠面积之和（4.60×10^{-2}），因此在冰封期冰体中 Σ_4PAHs 对水生生物具有潜在风险。

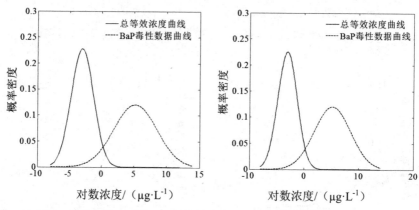

图 7.13　冰相中 4 种 PAHs 总等效浓度和 Bap 毒性数据概率密度曲线

7.3.3　沉积物中 PCBs 生态风险评价

PCBs 是典型的疏水亲脂性有机物，具有较大的毒性，不仅对人体的内分泌系统、免疫系统、生殖系统和神经系统造成毒性侵染，伤害其机体的正常生理活动，还会对生态系统和自然环境产生毒性影响。特别需要重视的是多氯联苯会通过生物链进行富集放大作用，对暴露在环境中的生物和人类产生极大的威胁，因此对环境中的多氯联苯进行风险评价有着重要的现实意义。

PCBs 的最终环境归属是沉积物。沉积物是多氯联苯的重要的最终环境归属。在一定的环境条件下沉积物中的多氯联苯会通过再悬浮作用进入水体环境中，再通过生物链作用进入生物体内或通过水气界面交换作用进入大气。进入生物体内的多氯联苯会通过生物富集放大作用而对高营养级的生物构成较大的威胁，而进入大气环境中的多氯联苯会通过大气沉降和大气长距离迁移进入其他介质中从而形成多氯联苯的环境循环系统。综上所述，对沉积物中多氯联苯进行风险评价的重要性和必要性都是毋庸置疑的。

关于表层沉积物中的生态风险评价，全球尚未建立统一的标准和准则。目前，学术界普遍认可的评价方法主要有沉积物环境质量标准法（Sediment Qualitity Guideline，SQG）、平衡分配法、EPA 法（又称效应低中值法）、毒性当量法 TEF 和潜在生态危害指数法 Er。

其中，平衡分配法需要耗费大量精力，且涉及对多种维度和系数的研究，很难得出结果，使用率并不高。

目前污染物风险评价使用推广率较高的主要是效应低、中值法，也称 EPA 法，EPA 的优点是简洁快速。近年来，EPA 法迅速成为评价沉积物生态风险的主要方法。由于黄河内蒙古段以往对沉积物中多氯联苯的生态风险评价极少，本节拟以潜在生态危害指数法，效应区间低、中值法（EPA 法）对昭君坟（S6）至头道拐（S13）河段沉积物中的多氯联苯进行生态风险评价。

7.3.3.1 沉积物中 PCBs 的浓度分布

本次选择了昭君坟、画匠营子、西河、磴口、大城西、五犋牛尧、将军尧及头道拐 8 个站点（S6～S13）作为监测断面，采集样品时间为 2012 年 11 月至 2014 年 5 月，根据黄河冰封情况，将监测时段分为：流凌期、冰封期、开河期、畅流期。

昭君坟（S6）至头道拐（S13）河段沉积物中多年采样 PCBs 检测结果表明（图 7.14 至图 7.17），PCB5、PCB29、PCB47、PCB98、PCB154、PCB171、PCB201 在沉积物中都有不同程度的检出，各采样断面流凌期的平均∑PCBs 大小依次为：将军尧>昭君坟>画匠营子>西河>五犋牛尧>头道拐>磴口>大城西，其中，2012 年 11 月将军尧∑PCBs 最大，为 8.25ng·g⁻¹；冰封期平均∑PCBs 大小依次为昭君坟>西河>头道拐>画匠营子>五犋牛尧>将军尧>磴口>大城西，其中，2013 年 1 月昭君坟∑PCBs 最大，为 10.40ng·g⁻¹；而开河期平均∑PCBs 大小依次为五犋牛尧>头道拐>画匠营子>磴口>将军尧>大城西>昭君坟>西河，其中，2014 年 4 月五犋牛尧∑PCBs 最大，为 4.80ng·g⁻¹；畅流期平均∑PCBs 大小依次为磴口>画匠营子>昭君坟>头道拐，且在畅流期只检出 PCB5 和 PCB47 两种物质，其他物质均未检出，其中 2014 年 5 月磴口∑PCBs 最大，仅为 1.44ng·g⁻¹。

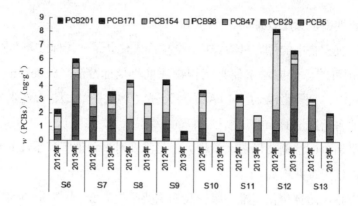

图 7.14　流凌期沉积物中 PCBs 的组成特征

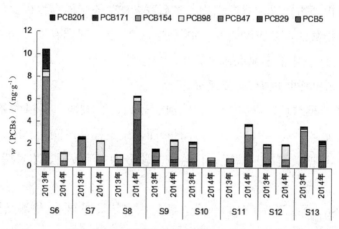

图 7.15　冰封期沉积物中 PCBs 的组成特征

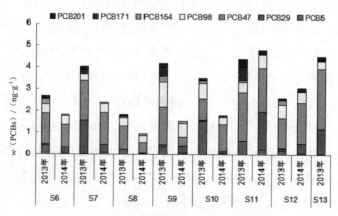

图 7.16　开河期沉积物中 PCBs 的组成特征

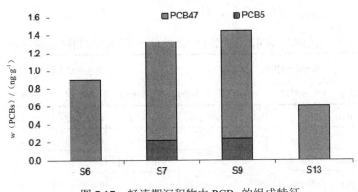

图 7.17　畅流期沉积物中 PCBs 的组成特征

7.3.3.2　潜在生态危害指数法评价

潜在生态危害指数法是用定量的方式区分了某一环境中每一种、多种污染物的单一及综合生态影响程度。某污染物的污染指数计算公式为：

$$C_f^i = \frac{C^i}{C_n^i} \qquad (7\text{-}16)$$

式中，C_f^i 为某污染物的污染指数；C^i 为沉积物中该污染物的实际测量浓度；C_n^i 为全球工业化前沉积物中该污染物的浓度，取 0.01mg·kg^{-1}。

$$E_r^i = T_i \times C_f^i \qquad (7\text{-}17)$$

式中，E_r^i 为单个污染物的潜在风险参数；T_i 为单个污染物毒性响应参数，PCBs 的毒性响应参数为 40。

E_f^i 的值所在的范围用来表征该污染物所在的污染范围，其中：$C_f^i<1$，低污染；$1 \leqslant C_f^i<3$，中污染；$3 \leqslant C_f^i<6$，较高污染；$C_f^i \geqslant 6$，很高污染。

单个风险因子的指数所对应的风险等级为：$E_r^i<40$ 为轻微生态危害；$40 \leqslant E_r^i<80$ 为中等生态危害；$80 \leqslant E_r^i<160$ 为强生态危害；$160 \leqslant E_r^i<320$ 为很强生态危害；$E_r^i \geqslant 320$ 为极强生态危害。

将采样断面的数据代入公式计算，结果见表 7.8。由表 7.8 可知，在流凌期，所有断面单一污染指数 $C_f^i<1$，属于低污染，潜在风险参数 $E_r^i<40$，为轻微生态危害。在冰封期昭君坟（S6）断面 PCBs 单一污染指数最大值 $C_f^i>1$，属于中污染，其潜在风险参数 $E_r^i>40$，为中等生态危害，应引起有关部门重视；其余断面 C_f^i 均小于 1，属于低污染，潜在风险参数 E_r^i 均小于 40，属于轻微生态危害。畅流期的污染最低，单一污染指数 C_f^i 远小于 1。

表 7.8　沉积物中不同采样断面 PCBs 的单一污染指数和潜在风险参数

采样断面	单一污染指数（C_f^i）				潜在风险参数（E_r^i）			
	流凌期	冰封期	开河期	畅流期	流凌期	冰封期	开河期	畅流期
S6	0.22～0.60	0.12～1.03	0.18～0.27	0.09	8.8～24	4.8～41.2	7.2～10.8	3.6
S7	0.36～0.40	0.23～0.26	0.23～0.40	0.13	14.4～16	9.2～10.4	9.2～16	5.2
S8	0.27～0.44	0.10～0.62	0.10～0.18	—	10.8～17.6	4～24.8	4～7.2	—
S9	0.07～0.45	0.16～0.24	0.15～0.42	0.14	2.8～18	6.4～9.6	6～16.8	5.6
S10	0.06～0.38	0.09～0.23	0.18～0.35	—	2.4～15.2	3.6～9.2	0.72～14	—
S11	0.19～0.34	0.08～0.38	0.44～0.48	—	7.6～13.6	3.2～15.2	17.6～19.2	—
S12	0.67～0.83	0.20～0.21	0.26～0.31	—	26.8～33.2	8～8.4	10.4～12.4	—
S13	0.21～0.31	0.23～0.37	0.45	0.06	8.4～12.4	9.2～14.8	18	2.4

7.3.3.3　效应区间低、中值法

目前国内针对 POPs 的生态风险评价方法应用最广泛的是 Long 等人所制定的效应区间值法。依据该环境质量标准，当沉积物中 PCBs 含量小于其低毒性效应值（ERL）时，生态风险小于 10%；当沉积物中 PCBs 的含量大于低毒性效应值（ERL）且小于毒性效应中值（ERM）时，生态风险大于 50%；当沉积物中 PCBs 含量大于其毒性效应中值（ERM）时，生态风险大于 75%。针对沉积物中 PCBs 的污染，其效应区间低值 ERL 和效应区间中值 ERM 分别为 22.7ng·g^{-1} 和 180ng·g^{-1}。

根据分析，昭君坟（S6）至头道拐（S13）河段所有沉积物样品 ∑PCBs 浓度范围为 0.6～10.40ng·g^{-1}，均小于低毒性效应值（ERL），表明该河段沉积物 PCBs 生态风险小于 10%。

7.4　小结

（1）从饮水、食鱼和皮肤接触三个途径对典型断面头道拐非冰封期水相中的 HCHs 建立健康风险评价模型，结果表明：

1）总风险指数为开河期（6.96×10^{-2}）>畅流期（4.18×10^{-2}）>流凌期（3.45×10^{-2}）其中，开河期 δ-HCH 总风险值最高；对于致癌风险，HCHs 的四种异构体 α-HCH、 β-HCH、γ-HCH 和 δ-HCH 的致癌风险指数均为食鱼途径>饮水途径>皮肤途径，其中，开河期 δ-HCH 食鱼途径致癌风险指数最高，为 1.32×10^{-5}。总致癌风险指数 δ-HCH>γ-HCH>α-HCH> β-HCH，其中 δ-HCH 占总致癌风险的 96%，由此得出，δ-HCH 是致癌风险的主要贡献者。黄河头道拐非冰封期 HCHs 的四种主要异构体致癌风险计算结果均小于 1.0×10^{-4}，因此认为黄河头道拐非冰封期 HCHs 不会对人体产生明显的致癌危害。

2）对于非致癌风险，HCHs 的四种异构体 α-HCH、β-HCH、γ-HCH 和 δ-HCH 的非致癌风险指数均为食鱼途径>饮水途径>皮肤途径，其中，开河期 δ-HCH 食鱼途径非致癌风险指数最高，为 4.41×10^{-2}。总非致癌风险指数 δ-HCH>β-HCH>γ-HCH>α-HCH，其中 δ-HCH 占总致癌风险的 51%、24%、23%、2%。黄河头道拐非冰封期 HCHs 的四种主要异构体非致癌风险计算结果均小于 1，因此认为黄河头道拐非冰封期 HCHs 不会对人体产生明显的非致癌危害。

（2）对黄河昭君坟至头道拐断面河段流凌期、封河期及开河期 6 种 PAHs，进行饮水、洗浴途径的健康风险评估，结果表明：总风险指数为冰封期（4.16×10^{-04}）>流凌期（3.18×10^{-04}）>开河期（2.63×10^{-05}），且在画匠营子断面最高。苯并[α]芘饮水途径致癌风险指数小于 1.0×10^{-4}，对人体的健康风险是可以接受的，但与黄河其他河段相比致癌风险仍较高；5 种 PAHs 非致癌风险程度依次为荧蒽>芘>芴>菲>蒽，总风险值均远远小于 USEPA 规定的数值，因此不会对人体健康产生明显的非致癌危害。但是荧蒽的非致癌风险指数比其余 PAHs 高出 1~2 个数量级，而荧蒽为我国优先控制的污染物，因此其对研究区域人群健康造成的危害不可忽视。

（3）分别对研究区域水体中 PAHs 单体和 ΣPAHs 联合生态风险进行评价，结果表明：水相中危害相对较高的为蒽、荧蒽及苯并[α]芘，其中蒽暴露浓度超过影响边界 5.00% 的水生生物的概率为 83.92%；冰相中蒽的相对风险较高，且比水相中产生的风险小，其暴露浓度超过影响边界 5.00% 的水生生物的概率为 69.96%；水相和冰相中 ΣPAHs 联合毒性均高出生态风险最大的蒽单独作用的毒性，甚至大于单体 ΣPAH 重叠面积之和，表现出显著的联合毒性效应。

（4）采用潜在生态危害指数法对昭君坟至头道拐断面河段沉积物中多氯联苯进行生态风险评价，结果表明：昭君坟断面冰封期 PCBs 单一污染指数最大值大于 1，属于中污染，其潜在风险参数 E_r^i 最大值为 41.2，大于 40，为中等生态危害，应引起有关部门重视。其余所有样品 PCBs 单一污染指数 C_f^i 均小于 1，属于低污染，其潜在风险参数 E_r^i 均小于 40，属于轻微生态危害。

（5）采用效应区间低、中值法（EPA 法）对昭君坟至头道拐断面河段沉积物中多氯联苯进行生态风险评价，结果表明：所有沉积物样品∑PCBs 浓度范围为 $0.6\sim10.40\text{ng·g}^{-1}$，均小于低毒性效应值（ERL），该河段沉积物 PCBs 生态风险小于 10%。

第 8 章　典型 POPs 多介质环境归趋行为

本章以头道拐断面、昭君坟至将军尧河段为研究区域，以 Mackay 的环境多介质模型逸度方法为基础，选择 α-HCH 为研究对象，分别从Ⅲ级逸度模型、Ⅳ级逸度模型的角度出发，研究 α-HCH 在多介质共同作用下的输移机理，弄清楚 α-HCH 在各环境介质中的分布规律，从而得到研究区域 α-HCH 的分布规律，并建立起一套适合北方寒冷地区高含沙河流 POPs 分布预测的逸度模型。为了解我国寒冷地区多泥沙河流 POPs 的污染状况及建立较大范围的 POPs 分布预测模型提供数据支持，为其他流域深入开展 POPs 的研究提供基础，为黄河污染控制及流域污染治理提供理论依据。

8.1　多介质逸度模型的理论与分类

8.1.1　多介质逸度模型

8.1.1.1　逸度及逸度模型

1901 年，G.N.Lewis 提出了逸度的概念，逸度是热力学平衡概念，单位和压力一样，为 Pa，符号为 f。逸度这一名词的英文 fugacity 来自拉丁文的词根 fugere，用来表达"逃逸"的趋势。它代表了体系在所处的状态下，分子逃逸的趋势，也就是一种物质迁移时的推动力或逸散能力。温度有从高温向低温传递的趋势，类似的，逸度也有从高逸度传递到低逸度的趋势。对于理想气体而言，逸度就是分压，且与化学势成对数关系，因此，逸度与浓度是线性或近似线性关系。1979 年加拿大 Trent 大学的 Donald Mackay 首次把逸度的概念引入到了污染物在环境各介质中的分布与预测模型中，并提出了逸度模型。

逸度容量 Z 值表示在给定的逸度下，某一介质所能承受的最大污染物量的能力。Z 值高的相容纳了大量的污染物而保持了较低的逸度，这说明污染物总是向 Z

高的相迁移，使得 Z 值高的相浓度不断增加。反之，Z 值低的相在容纳了少量污染物后，逸度 f 值显著增加，最终使得污染物向低逸度相迁移。

Z 值主要取决于：溶质（污染物）的特性、环境介质的特性、温度、压力（一般其影响可忽略）、浓度（低浓度时其影响可忽略）。

在逸度模型中，污染物在各介质间达到平衡的状态即污染物在各介质中的逸度相等。如果环境中污染物的浓度较低，逸度与浓度之间的线性关系就可以表达为：

$$C = Z \times f \tag{8-1}$$

式中，C 为污染物的浓度，$mol \cdot m^{-1}$；f 为逸度，Pa；Z 为逸度容量，$mol \cdot m^{-3} \cdot Pa^{-1}$。

8.1.1.2 稳态与平衡

稳态指研究区域环境中各介质的性质不随时间改变，或者某个环境随着时间变化相对缓慢，也可以把它看作稳态。理想中的最简单的环境是由少数几个均一的、完全混合的不随时间变化的相而构成的环境。当上述假设条件不能满足时，可以增加相的数目或者增加维数来增加模型的复杂度。通常，只有在需要的时候才会增加模型的复杂度。增加了模型的复杂性就会使模型变得难以理解。公元 14 世纪，威廉·奥卡姆提出了这样的观点：如无必要，勿增实体。这句话被称为"奥卡姆剃刀"。在科学上可以这样理解，两个处于竞争地位的理论，一个复杂，一个简单，它们得出的结论一样时，那么简单的更好。为了建模的方便，一般可以把一个非稳态的系统看作一个短期内存在的稳态系统。用微分方程来描述稳态，即 $dc/dt = 0$，各个相污染物浓度对时间的微分值是 0。

平衡指系统状态（污染物浓度、温度、压力等）不随着时间变化，即各相中的密度相同。例如，一个容器中，同时存在 $100m^3$ 的水和 $100m^3$ 的空气，还有少量的苯，假设在很长一段时间后，系统保持恒定状态，那么苯就能在水相和气相之间达到分配平衡，苯在水相和气相中的浓度恒量就会保持不变，没有净迁移，相界面间的扩散速度大小相等，方向相反。这种情况下，系统既是稳态又是平衡。

8.1.1.3 污染物的质量交换过程

在自然环境中，存在着各种各样的化学物，化学物由一相进入到下一相经历了一个迁移扩散过程，化学物总是尽量在各介质间达到平衡，在不断的迁移中寻求平衡，在迁移扩散过程中存在着该化学物在各介质间以及介质中的质量交换过程。

在自然环境中，污染物在各介质间和各介质中的非扩散和扩散通常是同时发生的。污染物在环境中的第一类迁移过程是非扩散过程。污染物质可以被环境中的物质携带着从一个介质进入到另一个介质中，这个过程中，环境中的物质的运动遵循自然规律运动，不受污染物的任何影响。典型的非扩散过程——平流，它指污染物单纯只因为它存在于某个流动的介质并随着介质的迁移运动而运动。例如在海上，不游泳而随着海水的运动而漂流；又如，污染物质随大气的运动而迁移到很远的地方。

平流速率通常为平流介质的流速与介质中污染物的浓度的乘积，即：

$$N = G \times C = Df \tag{8-2}$$

式中，N 为平流速率，$mol \cdot h^{-1}$；G 为平流介质的流速，$m^3 \cdot h^{-1}$；C 为介质中污染物的浓度，$mol \cdot m^{-3}$；f 为污染物在环境介质中的逸度，Pa；D 为环境中的污染物从一相到另一相的迁移量，$mol \cdot Pa^{-1} \cdot h^{-1}$。

通常，非扩散过程是单向过程。

扩散是污染物在环境中的第二类迁移过程。扩散过程包括污染物在介质中的扩散和污染物在介质间的质量交换等。介质中的扩散也包括分子扩散。污染物在两相间存在浓度差或者在一相中还没有达到平衡时就会产生迁移扩散过程。通常指的扩散运动包括：

（1）水中处于溶解态的污染物从水中向大气挥发及其反向吸收过程。

（2）污染物溶解在水柱中，水柱中的污染物从水相到达悬浮物相的吸附过程及其反向的解吸过程。

（3）大气中的污染物被气溶胶吸附及其反向的解吸过程。

（4）污染物从水相沉降到沉积物相被沉积物相吸附及其反向的解吸过程。

（5）污染物在土壤中的扩散过程以及土壤中的污染物向上挥发的过程。

（6）海洋生物通过腮的呼吸吸收污染物。

8.1.1.4　污染物的降解过程

污染物在环境介质中的降解过程通常包括生物降解、水解和光降解等，且污染物在不同介质中的降解速率各不相同。

生物降解主要是污染物依靠环境介质中的酶进行降解。这个过程的速率的影响因素主要有：酶的性质和数量；污染物自身性质；环境中有没有充足的养分，如氮、磷、氧等；环境的 pH 值、温度和环境中存在的其他可能对目标污染物降解过程起到促进或者减缓作用的物质。事实上，绝大部分的有机物都可以发生生物降解和转化反应，只有少数的有机物的降解过程比较缓慢或者根本就不降解，例如腐殖酸等。水溶性有机物非常容易发生生物降解。在某些情况下，由于环境中的目标污染物的含量过低，所需的酶没有达到可以将其降解转化的数量时，通常可以忽略该目标污染物在环境中的生物降解过程；在高浓度或者由于某一些污染物有高毒性时，环境中的酶就会失去活性，从而不会发生生物降解，终止转化过程。此外，是否发生生物降解取决于环境中的酶，而酶的活性作用点的数量是有限的，所以，污染物在环境中的转化速率主要是由酶的活性作用点的数量和污染物接触酶的活性作用点的概率来决定的，而不是由污染物自身来决定的。

水解过程是污染物在水中由于氢离子和氢氧根离子发生反应而被加上水分子。整个水解过程对 pH 值非常敏感。

光降解过程是太阳光中的能量引起的化学反应或者是使能够吸收太阳光能量（光能分子）的键断裂。

大气中的降解过程主要是光降解和氧化反应，冰相中的降解主要是光降解，水相中的降解主要是水解和水表面的光降解还有氧化和还原反应，沉积物相中的降解主要以微生物降解为主，而且厌氧条件下比有氧条件下的降解速率要快。

在整个自然界中，污染物的去除途径是降解。污染物的降解反应过程可以用零、一、二级动力学方程来模拟。在我们的多介质逸度模型中，通常采用的是一级动力学方程。污染物在环境中的降解反应过程的通量 N（$mol·h^{-1}$）计算公式如下：

$$N = VCk = VZkf = Df \tag{8-3}$$

式中，V 为环境相或其子相的体积，m^3；k 为化学反应的一级反应速率常数，h^{-1}。

8.1.1.5 多介质逸度模型的分类

多介质逸度模型用来描述污染物在不同环境相间的输入与输出关系，揭示污染物在不同环境介质中的分布规律、在不同环境介质间的迁移与归趋行为规律。

根据质量守恒定律，多介质环境逸度模型可以分为以下四类：

I 级逸度模型（Level I）：平衡、稳态、无流动过程的系统。污染物在环境各相间达到平衡状态，且各相间的逸度相等，不考虑污染物的平流输入与输出，不考虑污染物在环境中的光降解、光转化、水解、氧化还原等过程。其是有机物在体系中处于平衡分布时最简单的模型。

II 级逸度模型（Level II）：平衡、稳态、有流动过程的系统。污染物在环境各相间达到平衡，考虑污染物的稳态平流输入与输出，考虑污染物在环境中的光降解、光转化、水解、氧化还原等过程，并假设所有考虑的反应都是一级反应。

III 级逸度模型（Level III）：非平衡、稳态、有流动过程系统。污染物在环境各介质间处于非平衡状态，考虑污染物的稳态平流输入与输出，考虑污染物在各介质间的迁移、扩散，考虑污染物在各介质中的各种物理化学反应，并假设所有考虑的化学反应处于一级反应。

IV 级逸度模型（Level IV）：非平衡、动态、有流动过程系统。考虑污染物在环境各介质中的动态平流输入与输出。考虑污染物的动态平流输入与输出，考虑污染物在各介质间的迁移、扩散，考虑污染物在各介质中的各种物理化学反应，并假设所有考虑的化学反应处于一级反应。

8.1.2　应用现状

逸度作为环境系统各相的平衡标准，如果化合物在环境系统各介质中的逸度相同，则认为该物质达到平衡，否则，化合物将从高逸度的环境介质向低逸度介质中移动。用逸度代替浓度进行计算，解决了不同介质中浓度单位不统一而造成的模型计算困难等问题，而模型中的部分参数可以用热力学参数来代替，简化了参数的选择和计算步骤。该方法描述了污染物在环境系统中的浓度、质量分布、反映特征及持久性，从而对化学品的归趋进行解释和预测。

Mackay 等基于不同的假设条件构建了 4 个不同等级的逸度模型，由于在实际环境中，系统中的污染物在不同环境相中难以处于分配平衡状态，根据上述介绍，I、II 级模型对环境中污染物的迁移和转化过程描述过于理想化，无法准确地反映真实的环境，因此应用较少。而 III 级逸度模型中物质在各相间的逸度均不同，且更符合实际环境，主要用来预测化合物在环境中分布已达到稳态后的分布与归趋。相比之下，Ⅳ级逸度模型不仅能获得Ⅲ级逸度模型的相关结果，同时可以考察化合物在输入环境介质后达到稳定状态所需要的响应时间，以及这段时间内化合物在各环境相内的浓度和通量随时间变化的趋势，该模型更加接近真实水平，能够很好地描述污染物在多介质环境系统中的迁移转化和分布随时间的变化。

在研究 POPs 的分布及迁移规律方面，与其他的水质模型相比，逸度模型的优点主要为：

（1）从模型的参数方面来看，逸度模型中需要污染物的常规理化性质及一维状态下的环境参数，这些参数大多可以在相关文献中查阅，通用性较好，并且模型中数学表达式简单明了，更容易解读和计算。

（2）从模型的构成来看，逸度模型由污染物在各种环境相中迁移转化过程的分项构成，可以全面地考虑污染物的各种迁移、转化和降解过程，确定污染物在环境系统的主要变化过程，并合理解释模型的输出。

（3）从模拟方法来看，逸度模型运用逸度及逸度容量这两个可以通过热力学计算求得的参数作为含量的代表值，而不用浓度值，使得在建立模型求参数值的过程中省去了大量的实测工作量，有利于模型的推广。

逸度模型的不足主要体现在：

（1）模型模拟迁移的动态过程难以指导小时段的 POPs 实时控制。由于实际上 POPs 的迁移转化规律是受到温度、介质的密度、介质的成分、介质的流动情况等多个因素共同影响的，而这些变化又很难实时监测，所以目前模型还难以精确模拟预测某个地点、某个时间点 POPs 动态变化的实时状况。并且运用模型来预测 POPs 实时迁移规律的积极作用，目前也没有被广泛地认可。

（2）模型对冰冻期 POPs 的迁移转化研究较少。当水体形成冰盖以后，液态水量减少，污染物浓度较高，水质受到相当大的影响，而且北方许多地区冰冻期占全年时间的比例可达 1/4，甚至更多，极大地影响了北方许多城市的饮用水水质安全。而目前对于冰冻期 POPs 的迁移转化还没有广泛的研究，因此模型的参数选择困难，模型的检验缺乏充分的数据。

8.2 Level Ⅲ逸度模型构建

8.2.1 畅流期 α-HCH 环境归趋研究

为了更好地研究典型断面——头道拐各介质中 α-HCH 的环境归趋行为,本研究以 Mackay 的环境多介质模型逸度方法为基础,结合黄河头道拐畅流期气象和地理信息数据构建Ⅲ级稳态多介质逸度模型,模拟 α-HCH 在黄河头道拐畅流期的多介质归趋行为。模型分为大气、水、悬浮物、沉积物四个主相,每个主相又包括气、固和液等子相。

8.2.1.1 Ⅲ级逸度模型的构建

α-HCH 在多介质环境中遵循质量守恒定律,根据稳态假设和质量平衡关系建立的Ⅲ级模型平衡表达式（方程组）如下:

$$E_i + G_{Ai}C_{Ai} + f_j \sum D_{ji} = f_i(\sum D_{ij} + D_{Ri} + D_{Ai}) \qquad (8-4)$$

式中,R 为降解过程；A 为平流过程；G_{Ai} 为平流流入速率,$m^3 \cdot h^{-1}$；C_{Ai} 为平流流入浓度,$mol \cdot m^{-3}$；D_{Ai} 为平流输出速率,$mol \cdot Pa^{-1} \cdot h^{-1}$；$f_i$ 为 α-HCH 在环境介质 i 中的逸度,Pa；f_j 为 α-HCH 在环境介质 j 中的逸度,Pa；$i,j=1,\cdots,4$ 代表大气相、水相、悬浮物相、沉积物相；E_i 为 α-HCH 向环境介质 i 中的排放速率,$mol \cdot h^{-1}$；D_{Ri} 为 α-HCH 在环境介质 i 中的降解速率,$mol \cdot Pa^{-1} \cdot h^{-1}$；$D_{ij}$ 为 α-HCH 从环境介质 i 向环境介质 j 迁移的相间的迁移量,$mol \cdot Pa^{-1} \cdot h^{-1}$；$D_{ji}$ 为 α-HCH 从环境介质 j 向环境介质 i 迁移的相间的迁移量,$mol \cdot Pa^{-1} \cdot h^{-1}$。

本节的研究对象 α-HCH 在研究区域的输入过程包括黄河头道拐上游地区农药施用、污水排放、气-水平流输入。α-HCH 在各环境相间的交换过程包括气-水界面交换（此过程包括 α-HCH 随大气颗粒物的干沉降、气-水界面的扩散）、水中悬浮物的沉降和再悬浮、水与沉积物间扩散等。输出过程一般有 α-HCH 在各环境介质中的降解（通过污染物在介质中的降解半衰期、降解速率计算）和大气、水的平流输出。

本节研究收集的数据包括输入模型的参数和验证模型的参数两套数据。其中,输入模型的参数包括 α-HCH 的理化特性参数、研究区域环境属性参数；而验证模型的数据为 2012 年 10 月至 2014 年 10 月黄河头道拐水、沉积物中 α-HCH 实测浓度值。

8.2.1.2　α-HCH 的理化特性参数

α-HCH 的理化特性参数见表 8.1。

表 8.1　α-HCH 的理化特性参数

参数名称	取值	参数名称	取值
大气降解半衰期/h	1.42×10^3	饱和蒸气压/Pa	3.30×10^{-3}
冰光转化半衰期/h	20.27	水溶解度/（$g \cdot m^{-3}$）	1.00
水降解半衰期/h	3.4×10^3	分子量/（$g \cdot mol^{-1}$）	290.85
沉积物降解半衰期/h	5.50×10^4	lgK_{ow}	3.81
亨利常数/$Pa \cdot m^3 \cdot mol^{-1}$	0.50	熔点/℃	157.00

8.2.1.3　模型参数的输入

根据 α-HCH 的理化特性参数和研究区域环境属性参数（表 8.2），可得 α-HCH 的逸度容量（表 8.3）及降解过程参数（表 8.4），迁移参数计算公式见表 8.5。

表 8.2　研究区域环境属性参数

参数	符号	数值	参数	符号	数值
冰厚/m	h_i	0.46	清除率	Q	2.0×10^3
水深/m	h_W	2.30	辛醇水分配系数	K_{OW}	6.64×10^3
大气厚度/m	h_a	1.00×10^3	有机碳分配系数	K_{OC}	2.65×10^3
沉积物深度/m	h_s	0.20	降水速率/（$m \cdot h^{-1}$）	U_r	1.15×10^{-4}
大气面积/m^2	A_A	1.00×10^7	干沉降速率/（$m \cdot h^{-1}$）	U_Q	11.00
水面积/m^2	A_W	1.00×10^7	沉积物沉降速率/（$m \cdot h^{-1}$）	U_{DSS}	4.60×10^{-8}
悬浮物面积/m^2	A_{ss}	6.12×10^9	沉积物再悬浮速率/（$m \cdot h^{-1}$）	U_{rsed}	1.10×10^{-8}
气溶胶体积分数	V_Q	30×10^{-12}	沉积物中扩散路径长度/m	Y_4	5.00×10^{-3}
大气体积/m^3	V_A	1.00×10^{10}	悬浮物颗粒密度/（$kg \cdot m^{-3}$）	r_{pss}	2.40×10^3
水体积/m^3	V_W	2.30×10^7	水中分子扩散系数/（$m^2 \cdot h^{-1}$）	B_{MW}	8.39×10^{-9}
悬浮物体积/m^3	V_{SS}	3.68×10^6	沉积物上水侧传质系数/（$m \cdot h^{-1}$）	K_{SW}	0.01
沉积物体积/m^3	V_S	2.00×10^6	水上空气侧/（$m \cdot h^{-1}$）	K_{VA}	3
气-水分配系数	K_{AW}	2.20×10^{-4}	水侧 MTC/（$m \cdot h^{-1}$）	K_{VW}	0.03

表 8.3　逸度容量 Z 值

介质	Z 值 mol·Pa^{-1}·m^{-3}	介质	Z 值/mol·Pa^{-1}·m^{-3}
大气	4.55×10^{-4}	水	2
气溶胶	8.27×10^{5}	悬浮物	43.1
沉积物	34.48	——	——

（1）降解过程参数 D_R 值的率定。α-HCH 在环境介质中的降解过程包括水解和光降解等，且 α-HCH 在不同介质中的降解速率各不相同。α-HCH 在环境介质中降解过程参数 D_R 值的计算公式见表 8.4。

表 8.4　降解过程参数 D_R 值

环境相	降解反应过程	D_R/[mol·(Pa·h)$^{-1}$]	D_R 值计算结果
大气 1	大气相降解	$D_{1R}=V_A Z_A \mu_a$	2.32×10^{3}
水 2	水中降解	$D_{3W}=V_W Z_W \mu_W$	9.48×10^{3}
	悬浮物降解	$D_{3S}=V_W Z_{SS} \mu_{Sed}$	1.24×10^{4}
	水相降解	$D_{3R}=V_{1W}+D_{1S}$	2.20×10^{4}
悬浮物 3	悬浮物相降解	$D_{4R}=V_W Z_{SS} k_{Sed}$	1.24×10^{4}
沉积物 4	沉积物相降解	$D_{5R}=V_S Z_S k_{Sed}$	8.69×10^{2}

（2）迁移参数 D_{ij} 值的率定。由于逸度差的存在，污染物在各个相邻介质单元之间有在相间迁移分配至逸度平衡的倾向。迁移参数（D_{ij}）用来描述某过程质量传输速度的量，单位为 mol·Pa^{-1}·h^{-1}。畅流期迁移参数 D_{ij} 值计算公式见表 8.5。

表 8.5　畅流期迁移参数 D_{ij} 值计算公式

主相	过程	D_{ij} 值计算公式
大气 1—水 2	扩散	$D_V=1/[1/(K_{VA}A_{12}Z_A)+1/(K_{VW}A_{12}Z_W)]$
	雨水溶解	$D_{RW2}=A_{12}Z_W U_r$
	湿沉降	$D_{QW2}=A_{12}U_r Q V_Q Z_Q$
	颗粒物干沉降	$D_{QD2}=A_{12}U_Q V_Q Z_Q$
	总过程	$D_{12}=D_V+D_{RW2}+D_{QW2}+D_{QD2}$
		$D_{21}=D_{V1}$

续表

主相	过程	D_{ij} 值计算公式
水 2－悬浮物 3	扩散	$D_{21} = D_V$
悬浮物 3－水 2	扩散	$D_{32} = V_{SS} Z_{SS} \mu_S$
水 2－沉积物 4	扩散	$D_Y = 1/[(1/(K_{SW} A_{W-S} Z_W) + Y_4/(B_{MW} A_{W-S} Z_W)]$
	沉降	$D_{DS} = U_{DSS} A_{W-S} Z_{SS}$
	总过程	$Z_{24} = D_Y + D_{DS}$
沉积物 4－水 2	扩散	$D_Y = 1/[(1/(K_{SW} A_{W-S} Z_W) + Y_4/(B_{MW} A_{W-S} Z_W)]$
	再悬浮	$D_{RS} = U_{rsed} A_{W-S} Z_S$
	总过程	$D_{42} = D_Y + D_{RS}$
悬浮物 3－沉积物 4	沉降	$D_{DS} = U_{DSS} A_{W-S} Z_{SS}$
	总过程	$D_{34} = D_{DS}$
沉积物 4－悬浮物 3	再悬浮	$D_{RS} = U_{rsed} A_{W-S} Z_S$
	总过程	$D_{43} = D_{RS}$
降解过程		$D_{R(i)} = K_i V_i Z_i$
平流过程		$D_{R(i)} = G_i Z_i = U_i A_i Z_i$

注 气溶胶的逸度容量计算公式：$Z_Q = K_{QA} \times Z_A$

（3）污染物的排放数据。研究区域中的 α-HCH 施用排放量在模型建立时非常重要，但是在实际中这些数据很难收集到或者是有很大的不确定性，所以，只能通过临近区域的排放量估算研究区域的排放量。

α-HCH 具有随环境相迁移的特征，例如：在大气相中，α-HCH 作为农药，在施用过程中大多数没有到达目标植物，除了极少数的 α-HCH 漂浮在大气中之外其余大部分则被大气中的气溶胶所吸附或吸收，并随着大气的运动而迁移，且 α-HCH 是易挥发化学物，它在大气混均高度可达万米；在水相中，α-HCH 进入水环境之后主要富集在水中的悬浮颗粒物上，水中的颗粒物作用非常重要，它们和大气中的气溶胶一样，是化学品从水相向沉积物迁移过程中的载体。在冬季，进入冰封期后，水会被净化，但是，由于水流、暴雨和底栖鱼类、底栖无脊椎动物的搅动作用，一些已经沉降的颗粒物又会从底部沉积物相中返回到水相，而在冰的融化过程中，有机污染物通过再挥发作用进入大气或者通过地表径流进入到水生生态系统，且光化学作用还会使得冰中的一些有机污染物进行光化学转化而形成比原来更具有持久性和毒性的化学物。所以随着时间的变化，α-HCH 的排放量也随之改变，加之，本节研究拟建立的头道拐畅流期逸度模型时间为 2012 年 10 月至 2014 年 10 月，时间跨度大，另考虑到 α-HCH 在各相中的迁移和 α-HCH 自身的转化（α-HCH 可以异构化为 β-HCH 和 γ-HCH），所以，本节研究根据头道拐所在地呼和浩特托克托县大唐发电公司总用药量以及考虑到 α-HCH 在各相中随着时间的变化，按比例计算，得到 α-HCH 进入各介质的 E_i 值。

8.2.1.4 模型计算与结果分析

（1）模型验证与浓度分布。

用 MATLAB 12.0 求方程组 $E_i + G_{Ai}C_{Ai} + f_j \sum D_{ji} = f_i(\sum D_{ij} + D_{Ri} + D_{Ai})$，得 α-HCH 在各介质中的逸度 f，由公式 $C = Z \times f$ 求出 α-HCH 在各介质中的模拟浓度值。

由于本研究缺乏头道拐地区大气、悬浮物中 α-HCH 的实测浓度数据，因此模型仅对水、沉积物中的 α-HCH 的实测浓度和模拟浓度进行了比较：水中 α-HCH 的模拟浓度为 12.1057ng·L^{-1}，实测浓度范围为 0.564～24.356ng·L^{-1}；沉积物中 α-HCH 的模拟浓度为 2.673ng·g^{-1}，实测浓度范围为 0.036～5.727ng·g^{-1}。水、沉积物的预测浓度值都在实测浓度值范围之内，模型模拟有效。α-HCH 在水和沉积物中浓度预测与实测对数值如图 8.1 所示。根据图 8.1 可得，环境介质中 α-HCH 模拟浓度和实测浓度差值均在一个对数单位内，模型模拟有效。

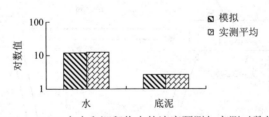

图 8.1 α-HCH 在水和沉积物中的浓度预测与实测对数值

（2）α-HCH 的模拟分布。

用 MATLAB 12.0 编程解方程组 $E_i + G_{Ai}C_{Ai} + f_j \sum D_{ji} = f_i(\sum D_{ij} + D_{Ri} + D_{Ai})$ 求得每相的逸度值 f，由公式 $C = Z \times f$ 求得各相中 α-HCH 的预测浓度。

当系统达到稳态时，α-HCH 在大气、水、悬浮物、沉积物的模拟分布比例分别为 0.00002%、0.13033%、31.14397%、68.72568%（图 8.2），由图 8.2 可知，沉积物占比最大，为 α-HCH 主要的储存库，α-HCH 在大气中的浓度最小，浓度最高出现在沉积物中，说明 α-HCH 在畅流期从大气、水、悬浮物向沉积物的富集是非常明显的。

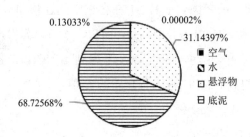

图 8.2　各介质中 α-HCH 的分布

（3）α-HCH 在各介质间的迁移。

图 8.3 为 α-HCH 在头道拐畅流期各环境介质间的迁移通量 D_{ij} 和降解量 D_{Ri}，可以看出，大气、水、悬浮物和沉积物的输送通量基本平衡。α-HCH 从悬浮物向沉积物的迁移扩散以悬浮物的沉降作用为主，而沉积物向悬浮物的迁移扩散以沉积物的再悬浮为主。

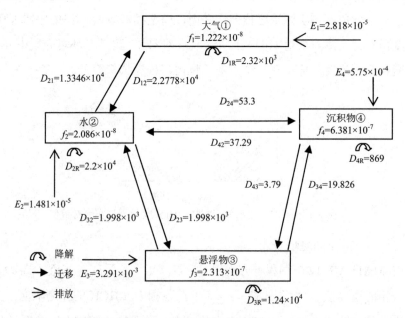

单位：$E/$（mol·h）；$D/$（mol·Pa^{-1}·h^{-1}）；f/Pa

图 8.3　平衡态下 α-HCH 的多介质迁移归趋模拟

根据表 8.1 α-HCH 在各介质中的降解半衰期计算可得降解量 D_{Ri} 值，降解量 D_{Ri} 即反应损失量。经计算表明，α-HCH 在各相间的反应损失 D_{Ri} 在水相中最大，可见 α-HCH 在畅流期时主要以水相降解为主；沉积物相中的反应损失 D_{Ri} 最小，可见 α-HCH 在沉积物中极难降解，沉积物是畅流期 α-HCH 最主要的"汇"。上述结果与 α-HCH 在各环境介质中的降解半衰期一致。

8.2.1.5　模型可靠性检验

本节研究采用 MATLAB 12.0 编程分别求出每一个参数增加 1.01 倍时模型的输出结果，定量分析了各参数的敏感性，即将每一个参数变化下的所有 S 值的绝对值相加并按递减排列，敏感性 S 通过以下公式计算。

$$S = \left[(Y_{1.01} - Y_{1.0}) / Y_{1.0} \right] / \left[(X_{1.01} - X_{1.0}) / X_{1.0} \right] \tag{8-5}$$

式中，$Y_{1.01}$ 表示输入量增加 1%，即参数取值为其均值的 101%，$Y_{1.01}$、$Y_{1.0}$ 分别为参数取均值 1.01、1.0 倍时模型的输出结果。根据已有的相关研究经验，关键参数的筛选标准为 $S > 0.2$。

模型中 38 个输入参数的灵敏度 S 的绝对值如图 8.4 所示。

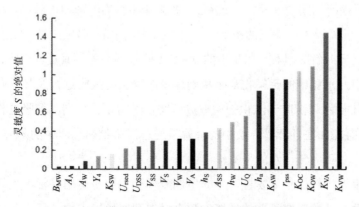

图 8.4　模型中 38 个输入参数的灵敏度 S 的绝对值

通过对主要模型输入参数的灵敏度分析发现，各介质间的分配系数、传质系数、大气高度、水深等对各环境相中 α-HCH 的分配有较大的影响，排放量、介质间迁移通量以及介质中的降解量对模型的影响不大。通过灵敏度分析发现，对于这些灵敏度大的参数，应该尽可能地提高其准确性和可靠性，这也是保证模型有效性和可靠性的基础。这与冰封期III级逸度模型结果一致。

8.2.2　冰封期 α-HCH 环境归趋研究

为了更好地描述 α-HCH 在冰封期的迁移行为，本研究仍以 Mackay 的环境多介质模型逸度方法为基础，结合黄河头道拐冰封期气象和地理信息数据构建Ⅲ级稳态多介质逸度模型，模拟 α-HCH 在黄河头道拐冰封期的多介质归趋行为。模型分为大气、冰、水、悬浮物、沉积物五个主相，每个主相又包括气、固和液等子相。

8.2.2.1　Ⅲ级逸度模型的构建

α-HCH 在多介质环境中遵循质量守恒定律，根据稳态假设和质量平衡关系建立了Ⅲ级模型平衡表达式（方程组），见公式 8-1，其中，$i, j =1,...,5$，分别代表大气、冰、水、悬浮物、沉积物相。

本文研究的 α-HCH 在研究区域的输入过程包括黄河头道拐上游地区农药施用、污水排放、气-水平流输入。α-HCH 在各环境相间的交换过程包括气-冰界面交换（此过程包括 α-HCH 随大气颗粒物的干沉降、气-冰界面的扩散）、冰-水界面交换（主要是两相间的迁移扩散过程）、水中悬浮物的沉降和再悬浮、水与沉积物间扩散等，即，模型中考虑的扩散运动包括：大气中的 α-HCH 被气溶胶吸附沉降到冰相及其反向解吸过程；冰相中的 α-HCH 扩散到水相及其反向过程；α-HCH 溶解在水相中，水相中的污染物从水相到达悬浮物相的吸附过程及其反向的解吸过程；α-HCH 从水相沉降到沉积物相被沉积物相吸附及其反向的解吸过程。输出过程一般有 α-HCH 在各环境介质中的降解（通过污染物在介质中的降解半衰期、降解速率计算）和大气、水的平流输出。

参数是模型计算的重要支柱，多介质逸度模型主要是运用目标污染物的物理化学特性参数及其所研究区域的环境参数来模拟其在环境中的迁移、转化行为。本节研究收集的数据仍包括输入模型的参数和验证模型的参数两套数据。其中，模型输入参数包括野外实测数据、搜索大量文献经考证正确直接引用的数据、通过考证正确的公式演变计算的参数，输入参数主要包括 α-HCH 的理化特性参数以及与研究区域和研究环境介质有关的环境属性参数和排放数据等；验证模型的数据为 2012 年冰、水、沉积物中 α-HCH 实测浓度值。

平衡分配系数、传质系数和扩散系数的率定如下：

（1）气-冰分配系数 K_{AI}。由于本研究缺乏对大气相的相关实测数据，K_{AI} 计算公式将参照 Mackay 对气-水分配系数 K_{AW} 的计算公式：

$$K_{AW} = S_{iA} / S_{iW} \tag{8-6}$$

相同方法下 K_{AI} 的计算公式：

$$K_{AI} = S_{iA} / S_{iI} \tag{8-7}$$

式中，S_{iW} 为污染物在水中的溶解度；S_{iI} 为污染物在冰中的溶解度，由污染物在 25℃时的溶解度 S_{iW} 计算得出污染物在 0℃时的溶解度 S_{iI}。

K_{AI} 值还可以由以下推导公式计算：

$$K_{AI} = K_{AW} / K_{IW} \tag{8-8}$$

式中，K_{AW} 为气-水分配系数。

K_{AW} 计算公式如下：

$$K_{AW} = H / RT \tag{8-9}$$

式中，R 为气体常数；H 为亨利常数（常温下 HCHs 的亨利常数 H 为 0.046～0.64Pa·m³·mol⁻¹），本研究中 α-HCH 的亨利常数 H 取 0.50Pa·m³·mol⁻¹。

（2）冰-水分配系数 K_{IW}。通过室内试验，分别测得在不同浓度、不同温度、不同 pH 值环境下，水相和冰相中的 α-HCH 浓度值，从而进一步计算得出冰-水分配系数。冰-水分配系数 K_{IW} 计算公式如下：

$$K_{IW} = C_I / C_W \tag{8-10}$$

式中，C_I 为冰相中 α-HCH 的浓度，ng·L⁻¹；C_W 为水相中 α-HCH 的浓度，ng·L⁻¹。

室内实验计算 K_{IW} 值根据公式 $K_{IW} = K_{IA}K_{WA}$ 进行验证，需特别注意 $K_{IA} = 1/K_{AI}$，$K_{WA} = 1/K_{AW}$。

（3）辛醇-水分配系数 K_{OW}。辛醇-水分配系数是描述污染物质环境行为重要的变量之一。α-HCH 的 $\lg K_{OW} = 3.81$，根据对数函数计算得出 K_{OW}。

（4）有机碳分配系数 K_{OC}。1981 年，Karickhoff 通过研究表明决定沉积物吸附容量的主要因素是有机碳，并建立了以下关系式：

$$K_{OC} = 0.41 K_{OW} \tag{8-11}$$

（5）气溶胶-大气分配系数 K_{QA}。采用下列公式计算气溶胶-大气分配系数 K_{QA}：

$$K_{QA} = 6 \times 10^6 / p \tag{8-12}$$

式中，K_{QA} 为气溶胶-大气分配系数；p 为蒸气压，Pa。

环境分配系数见表 8.6。

表 8.6 环境分配系数

分配系数	K_{AI}	K_{AW}	K_{IW}	K_{OW}	K_{OA}	K_{OC}
取值	1.176×10^{-4}	2.2×10^{-4}	1.87	6.46×10^{3}	1.8×10^{9}	2.65×10^{3}

（6）气-冰传质系数。采用以下公式计算气-水界面总传质系数 k_{OW}：

$$k_{OW} = -(Y/t)\ln(C_W - C_{W0}) \tag{8-13}$$

对上式做简单变化：

$$k_{ai} = -(Y/t)\ln(C_I - C_{I0}) \tag{8-14}$$

代入实验数据计算气-冰界面总传质系数 k_{ai}。

还可采用以下公式计算气-水界面总传质系数 k_{OW}：

$$1/k_{OW} = 1/k_W + 1/(K_{AW}k_A) \tag{8-15}$$

对上式做简单变化：

$$1/k_{ai} = 1/K_{VI} + 1/(K_{AI}K_{VA}) \tag{8-16}$$

$$1/k_{ai} = 1/K_{VA} + 1/(K_{AI}K_{VI}) \tag{8-17}$$

求解方程组可得 K_{VI}、K_{VA} 值。

式中，k_{ai} 为气-冰界面总传质系数；k_W 为气-水界面水侧传质系数；k_A 为气-水界面气侧传质系数；K_{VI} 为气-冰界面冰侧传质系数；K_{VA} 为气-冰界面气侧传质系数；k_{OW} 为气-水界面总传质系数，要与辛醇水分配系数 K_{OW} 区分开；Y 为两相间距离，m；t 为传质时间，h；C_{W0} 为水中污染物的初始浓度，$ng \cdot L^{-1}$；C_W 为一段时间后水中污染物的浓度，$ng \cdot L^{-1}$；C_{I0} 为冰中污染物的初始浓度，$ng \cdot L^{-1}$；C_I 为一段时间后冰中污染物的浓度，$ng \cdot L^{-1}$。

（7）冰-水传质系数。采用以下公式计算气-水界面总传质系数 k_{OW}：

$$k_{OW} = -(Y/t)\ln(C_W - C_{W0}) \tag{8-18}$$

对上式做简单变化：

$$k_{iW} = -(Y/t)\ln(C_I - C_{I0}) \tag{8-19}$$

代入实验数据计算冰-水界面总传质系数 k_{iW}。

还可采用以下公式计算气-水界面总传质系数 k_{OW}：

$$1/k_{OW} = 1/k_W + 1/(K_{AW}k_A) \tag{8-20}$$

对上式做简单变化：

$$1/k_{iW} = 1/K_{VII} + 1/(K_{WI}K_{VIW}) \tag{8-21}$$

$$1/k_{iW} = 1/K_{VIW} + 1/(K_{WI}K_{VII}) \tag{8-22}$$

求解方程组可得 K_{VII}、K_{VIW} 值。

式中，k_{OW} 为气-水界面总传质系数；k_{iw} 为冰-水界面总传质系数；k_A 为气-水界面气侧传质系数；k_W 为气-水界面水侧传质系数；K_{VII} 为冰-水界面冰侧传质系数；K_{VIW} 为冰-水界面水侧传质系数。

（8）扩散系数。采用以下公式计算扩散系数：

$$k = B / \Delta y \tag{8-23}$$

式中，B 为扩散系数；Δy 为两相间距离。

8.2.2.2 α-HCH 的理化特性参数

α-HCH 的理化特性参数见表 8.1，同时增加冰光转化半衰期（20.27h），参考以下研究：吉林大学薛洪海通过室内实验得到冰相中 HCHs 在混合体系（α-HCH、β-HCH 及 γ-HCH 的混合体系）中的光转化一级动力学方程及参数。冰相温度在 $-15℃$，薛洪海采用以下公式计算 α-HCH 的降解半衰期：

$$t_{1/2} = 0.693 / k \tag{8-24}$$

式中，$t_{1/2}$ 为 α-HCH 的降解半衰期，h；k 为 α-HCH 从各相迁移的速率常数，h^{-1}。

Mackay 采用以下公式计算水相中污染物的速率常数和降解半衰期：

$$k = D_W / V_W Z_W \tag{8-25}$$

$$t_{1/2} = 0.693 V_W Z_W / D_W \tag{8-26}$$

对上式进行简单变化，得冰相中 α-HCH 的光转化半衰期计算公式：

$$t_{1/2} = 0.693 V_I Z_I / D_I \tag{8-27}$$

式中，V_W 为水的体积，m^3；Z_W 为水的逸度容量，$mol \cdot (m^3 \cdot Pa)^{-1}$；$D_W$ 为污染物在水中的迁移参数，$mol \cdot (Pa \cdot h)^{-1}$；$V_I$ 为冰的体积，m^3；Z_I 为冰的逸度容量，$mol \cdot (m^3 \cdot Pa)^{-1}$；$D_I$ 为污染物在冰中的迁移参数，$mol \cdot (Pa \cdot h)^{-1}$。

薛红海的室内实验与本研究野外取样所测取样温度相近，所以其得到的 α-HCH 降解半衰期 $t_{1/2}$ 可以直接引用。

8.2.2.3 逸度模型参数的输入

大多数污染物一般不会到达超过该区上空 500～2000m 的大气中，本节研究取大气厚度为 1000m。研究区域的环境属性参数见表 8.2，同时增加表 8.7。

表 8.7 　研究区域环境属性参数

参数	符号	数值	参数	符号	数值
冰面积/m^2	A_I	1.00×10^7	冰体积/m^3	V_I	4.60×10^6
沉积物中扩散路径长度/m	Y_5	5.00×10^{-3}	冰-水分配系数	K_{IW}	1.87
气-冰分配系数	K_{AI}	1.20×10^{-4}	气-冰界面冰侧传质系数/（$m\cdot h^{-1}$）	K_{VI}	0.02
冰-水界面冰侧传质系数/（$m\cdot h^{-1}$）	K_{VII}	6.08×10^{-4}	气-冰界面气侧传质系数/（$m\cdot h^{-1}$）	K_{VA}	1.7
冰-水界面冰侧分子扩散系数/（$m^2\cdot h^{-1}$）	B_{IW}	2.51×10^{-4}	冰-水界面水侧传质系数/（$m\cdot h^{-1}$）	K_{VIW}	2.59×10^{-3}

由于本研究缺乏冰相的相关参数的计算公式，此处假设模型为 I 级模型（只在计算冰的逸度容量时做此假设），逸度 f 计算公式如下：

$$f = \frac{C_W}{Z_W} = \frac{C_I}{Z_I} \tag{8-28}$$

式中，C_W、C_I 为野外实测浓度，Z_W 根据经验公式计算，由此式计算 Z_I。

根据头道拐 α-HCH 的环境属性和理化特性，可得 α-HCH 的逸度容量（见表 8.3，同时增加 $Z_I = 3.75$）及降解过程参数（见表 8.4，同时增加冰相光降解 $D_{2R} = V_I Z_I \mu_i = 5.87\times105$），迁移参数计算公式见表 8.8。

表 8.8 　冰封期迁移参数 D_{ij} 值计算公式

主相	过程	D_{ij} 值计算公式
大气 1—冰 2	扩散	$D_{VI} = 1/[1/(K_{VA}A_IZ_A) + 1/(K_{VI}A_IZ_I)]$
	气相湿沉降	$D_{RI} = A_IZ_IU_r$
	颗粒物干沉降	$D_{QI} = A_IU_QV_QZ_Q$
	总过程	$D_{12} = D_{VI} + D_{RI} + D_{QI}$ $D_{21} = D_{VI}$
冰 2—水 3	扩散	$D_{VW} = 1/[1/(K_{VIW}A_IZ_I) + 1/(K_{VII}A_WZ_W)]$
	总过程	$D_{23} = D_{32} = D_{VW}$
水 3—悬浮物 4	扩散	$D_{34} = V_{SS}Z_{SS}\mu_S$
悬浮物 4—水 3	扩散	$D_{43} = V_{SS}Z_{SS}\mu_S$

续表

主相	过程	D_{ij} 值计算公式
水 3—沉积物 5	扩散	$D_Y = 1/[1/(K_{SW}A_{W-S}Z_W) + Y_5/(B_{MW}A_{W-S}Z_W)]$
	沉降	$D_{DS} = U_{DSS}A_{W-S} + Z_{DS}$
	总过程	$D_{35} = D_Y + D_{DS}$
沉积物 5—水 3	扩散	$D_Y = 1/[(1/(K_{SW}A_{W-S}Z_W) + Y_5/(B_{MW}A_{W-S}Z_W)]$
	再悬浮	$D_{RS} = U_{rsed}A_{W-S}Z_S$
	总过程	$D_{53} = D_Y + D_{RS}$
悬浮物 4—沉积物 5	沉降	$D_{DS} = U_{DSS}A_{W-S}Z_{SS}$
	总过程	$D_{45} = D_{DS}$
沉积物 5—悬浮物 4	再悬浮	$D_{DS} = U_{rsed}A_{W-S}Z_S$
	总过程	$D_{54} = D_{RS}$
降解过程		$D_{R(i)} = K_i V_i Z_i$
平流过程		$D_{R(i)} = G_i Z_i = U_i A_i Z_i$

注　大气-冰不考虑颗粒物湿沉降过程。气溶胶的逸度容量计算公式：$Z_Q = K_{QA} \times Z_A$。

8.2.2.4　模型计算与结果分析

（1）模型验证与浓度分布。

用 MATLAB 7.0 求解方程组 $E_i + G_{Ai}C_{Ai} + f_j \sum D_{ji} = f_i(\sum D_{ij} + D_{Ri} + D_{Ai})$，得 α-HCH 在各介质中的逸度，进一步求出 α-HCH 在各介质中的模拟浓度值。为了了解模型的有效性，将模型的模拟值与本研究室外实测值进行比较。由于本研究缺乏 α-HCH 在大气和悬浮物中的实测数据，因此只能通过对冰、水、沉积物中的 α-HCH 浓度值对模型进行验证。用于模型验证的数据来源于本研究 2012 年 2—3 月黄河头道拐实测数据。

由于本研究缺乏头道拐地区大气、悬浮物中 α-HCH 的实测浓度数据，因此模型仅对水、冰和沉积物中的 α-HCH 的实测浓度和模拟浓度进行了比较：水中 α-HCH 的模拟浓度为 $3.12\text{ng}\cdot\text{L}^{-1}$，实测浓度范围为 $1.99\sim5.48\text{ng}\cdot\text{L}^{-1}$；冰中 α-HCH 的模拟浓度为 $6.69\text{ng}\cdot\text{L}^{-1}$，实测浓度范围为 $0.08\sim12.30\text{ng}\cdot\text{L}^{-1}$；沉积物中 α-HCH 的模拟浓度为 $0.477\text{ng}\cdot\text{g}^{-1}$，实测浓度范围为 $0.0058\sim0.3103\text{ng}\cdot\text{g}^{-1}$。各介质中 α-HCH 浓度预测值与实测值比较如图 8.5 所示。

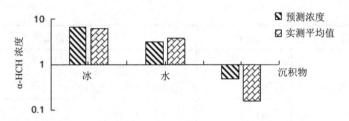

图 8.5　各介质中 α-HCH 浓度预测值与实测值比较

冰、水的预测浓度值都在实测浓度值范围之内，模型模拟有效。由于冰封期沉积物样采取有困难，本研究区域冰封期沉积物中 α-HCH 的实测数据有限，导致模拟值与实测值产生差异。

从图 8.5 可以看出，各个环境介质中 α-HCH 模拟浓度和实测浓度差值均在一个对数单位内，模型模拟有效。

（2）α-HCH 的模拟分布。

用 MATLAB 7.0 编程解方程组 $E_i + G_{Ai}C_{Ai} + f_j \sum D_{ji} = f_i(\sum D_{ij} + D_{Ri} + D_{Ai})$ 求得每相的逸度值 f，由公式 $C = Z \times f$ 求得各相中 α-HCH 的预测浓度。

当系统达到稳态时，α-HCH 在大气、冰、水、悬浮物、沉积物的模拟分布比例分别为 0.11%、0.25%、0.12%、28.24%、71.28%（图 8.6），其中沉积物是 α-HCH 主要的储存库。α-HCH 在大气中的浓度最小，浓度最高出现在沉积物中，说明 α-HCH 从大气、冰、水、悬浮物向沉积物的富集是非常明显的。

图 8.6　各介质中 α-HCH 的分布

图 8.6 与图 8.2 相比可知，冰封期沉积物相中的 α-HCH 占比相比畅流期大 4%

左右，这是因为受到冰封期影响，水流流速较低，悬浮物更容易向下沉淀，污染物更容易储存到沉积物相中；畅流期悬浮物相中的 α-HCH 占比相比冰封期大 2% 左右，这是因为畅流期水流速度较大，沉积物相中 α-HCH 经过再悬浮进入悬浮物相中；畅流期水相和大气相中的 α-HCH 占比较冰封期有所增加，这是受到气候和温度等综合因素影响而形成的。

（3）α-HCH 在各介质间的迁移。

图 8.7 为 α-HCH 在头道拐冰封期各环境介质间的迁移通量 D_{ij} 和降解量 D_{Ri}，可以看出，大气、冰、水、悬浮物和沉积物的输送通量基本平衡。由于缺乏降雪速率等参数，模型中采用 Mackay 的降水速率进行估算，忽略颗粒物的湿沉降，只考虑干沉降，基于此，各相间的迁移通量以大气相到冰相的迁移量为最大，主要以大气相扩散为主；另一个比较明显的迁移过程是水相到冰相（冰相到水相），主要以 α-HCH 从水相到冰相（冰相到水相）的迁移扩散为主。α-HCH 从悬浮物相向沉积物相中的迁移扩散是以悬浮物的沉降作用为主的，而沉积物相向悬浮物相的迁移扩散是以沉积物的再悬浮为主的。

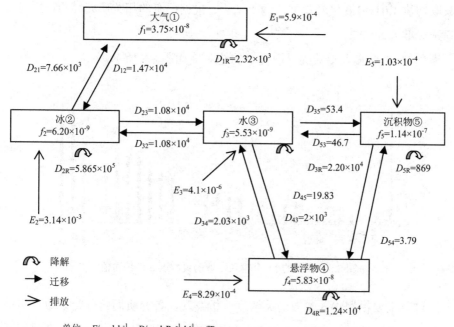

单位：E/mol·h^{-1}；D/mol·Pa^{-1}·h^{-1}；f/Pa

图 8.7 平衡态下 α-HCH 的多介质迁移归宿模拟

通过查阅大量资料得到 α-HCH 在各介质中的降解半衰期,进一步计算 α-HCH 在各介质中的降解量 D_{Ri},降解量即反应损失量。计算结果表明,α-HCH 在各相间的反应损失中,冰相中的反应损失最大,可见 α-HCH 在冰相中的光反应损失是 α-HCH 在介质中损失的主要途径;而沉积物相中的反应损失最小,可见 α-HCH 在沉积物中极难降解,沉积物是 α-HCH 最主要的"汇"。

上述结果与 α-HCH 在各环境介质中的降解半衰期一致。

8.2.2.5 模型可靠性检验

灵敏性分析是通过小幅度改变输入模型的某一参数值来确定该参数对模型输出结果的相对贡献,从而识别出模型的一些关键性参数。为了提高模型的准确性和稳定性,本节研究采用 MATLAB 7.0 分别求出每一个参数增加 1.01 倍时模型的输出结果,定量分析各参数的敏感性,即将每一个参数变化下的所有 S 值的绝对值相加并按递减排列,敏感性 S 通过以下公式计算。

$$S = \left[(Y_{1.01} - Y_{1.0})/Y_{1.0}\right] / \left[(X_{1.01} - X_{1.0})/X_{1.0}\right] \tag{8-29}$$

式中,$Y_{1.01}$ 表示输入量增加 1%,即参数取值为其均值的 101%,$Y_{1.01}$、$Y_{1.0}$ 分别为参数取均值 1.01、1.0 倍时模型的输出结果。根据已有的相关研究经验,关键参数的筛选标准为 $S > 0.2$。

模型的 51 个输入参数的灵敏度 S 的绝对值如图 8.8 所示。

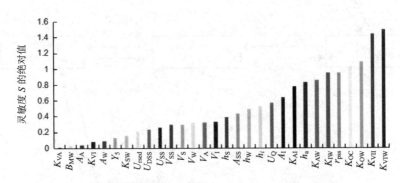

图 8.8 模型的 51 个输入参数的灵敏度 S 的绝对值

通过对主要模型输入参数的灵敏度分析发现,各介质间的分配系数、传质系数、大气高度等对各环境相中 α-HCH 的分配有较大的影响,排放量、介质间迁移通量以及介质中的降解量对模型的影响不大。通过灵敏度分析发现,对于这些灵敏度大的参数，应该尽可能地提高其准确性和可靠性，这也是保证模型有效性、可靠性的基础。

8.3 Level Ⅳ逸度模型构建

本节研究以 Mackay 的环境多介质模型逸度方法为基础，以 α-HCH 为研究对象，选取历史农药使用量比较多、人口比较集中的昭君坟至将军尧河段作为Ⅳ级逸度模型研究的主体段，样品采样断面分为昭君坟、昆河、四道沙河、画匠营子、西河、东河、磴口、五犋牛尧、将军尧九个断面。由于研究区域曲折多变，河长较短，且河宽较宽，因此将研究区域视为小湖泊处理，划分为大气、水、悬浮物、沉积物四个主相，在大气相中包含气体颗粒子相。

8.3.1 Ⅳ级逸度模型的构建

α-HCH 在整个环境介质的逸度随时间而变，根据质量平衡原理，建立涉及四个主相的迁移量平衡表达式。

大气相：

$$V_1 Z_1 df_1 / dt = E_1 + G_{1I} Z_1 f_{1I} + D_{21} f_2 - (G_{10} Z_1 + D_{12} + r_1 V_1 Z_1) f_1 \qquad (8\text{-}30)$$

水相：

$$V_2 Z_2 \mathrm{d}f_2 / \mathrm{d}t = E_2 + G_{2I} Z_2 f_{2I} + D_{12} f_1 + D_{32} f_3 + D_{42} f_4 \\ - (G_{20} Z_2 + D_{21} + D_{23} + r_2 V_2 Z_2) f_2 \qquad (8\text{-}31)$$

悬浮物相：

$$V_3 Z_3 \mathrm{d}f_3 / \mathrm{d}t = E_3 + G_{3I} Z_3 f_{3I} + D_{23} f_2 + D_{43} f_4 \\ - (G_{30} Z_3 + D_{32} + D_{34} + r_3 V_3 Z_3) f_3 \qquad (8\text{-}32)$$

沉积物相：

$$V_4 Z_4 \mathrm{d}f_4 / \mathrm{d}t = E_4 + G_{4I} Z_4 f_{4I} + D_{24} f_2 + D_{34} f_3 \\ - (G_{40} Z_4 + D_{43} + D_{BS} + r_4 V_4 Z_4) f_4 \qquad (8\text{-}33)$$

α-HCH 在大气、水、悬浮物、沉积物四个相中的迁移过程有：大气到水的扩散、雨水溶解、湿沉降、干沉降等过程；水和沉积物之间的吸附和解吸附、沉积物到水的扩散、向下游的移动、悬浮物沉降、再悬浮等过程。研究其灭失过程为：各个相内 α-HCH 的降解过程和沉积物的埋藏过程，如图 8.9 所示。

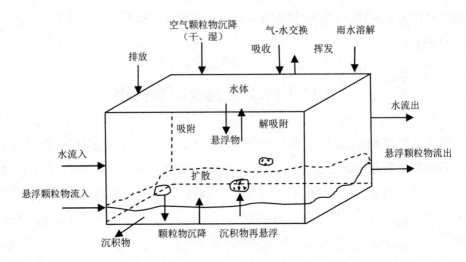

图 8.9　模型中研究的迁移转化过程示意图

8.3.2　α-HCH 的理化特性参数

本逸度模型主要利用 α-HCH 的理化参数（表 8.1）及昭君坟至将军尧河段的环境参数（表 8.9）来模拟化合物在环境中的迁移过程。

表 8.9　研究区域的环境参数

参数名称	取值
大气面积/m^2	1.74×10^7
水域面积/m^2	1.74×10^7
大气厚度/m	1.0×10^3
水域深度/m	5.55
大气体积/m^3	1.74×10^{10}
水域体积/m^3	9.657×10^7
沉积物体积/m^3	3.48×10^6
沉积物深度/m	0.20
水中颗粒物表面积/m^2	6.12×10^9
水中颗粒物体积/m^3	2.89×10^5

8.3.3 逸度模型参数的输入

根据昭君坟至将军尧河段 α-HCH 的环境属性和理化特性，可得 α-HCH 的逸度容量及迁移参数值，见表 8.10、表 8.11。逸度方法的一个主要优点是大量庞大的细节可以归并到一个 D 值，这便于与其他不同过程的值进行比较。介质间的迁移包括扩散和非扩散过程，扩散过程总是从高逸度介质迁移到低逸度介质中，非扩散过程为化学品被物质载带从一种介质相向另一种介质相迁移，而该物质本身的移动与化学品的存在无关。介质间迁移 D 值方程见表 8.12。

表 8.10　逸度容量

环境介质	逸度容量/[mol·(Pa·m³)⁻¹]
大气	4.05×10^{-4}
水	1.15
水中悬浮物	43.10
底部沉积物	34.48

表 8.11　迁移参数值的数量级

参数	符号	建议典型值
水上空气侧 MTC	K_{VA}	3m·h^{-1}
水侧 MTC	K_{VW}	0.03m·h^{-1}
向更高处的迁移速率	U_S	0.01 m·h^{-1}（90 m·a^{-1}）
降水速率/[m³ 雨水·(m² 面积·h)⁻¹]	U_R	$9.7 \times 10^{-5} \text{ m·h}^{-1}$（$0.85 \text{m/a}^{-1}$）
清除率	Q	200000
气溶胶的体积分数	v_Q	30×10^{-12}
干沉降速度	U_Q	10.8 m·h^{-1}（0.003 m·h^{-1}）
空气中分子扩散系数	B_{MA}	$0.04 \text{m}^2 \text{·h}^{-1}$
水中分子扩散系数	B_{MW}	$4.0 \times 10^{-6} \text{ m}^2 \text{·h}^{-1}$
沉积物上水侧 MTC	K_{SW}	0.01 m·h^{-1}
沉积物中扩散路径长度	Y_4	0.005m
沉积物沉降速率	U_{DP}	$4.6 \times 10^{-8} \text{ m}^3 \text{·(m}^2 \text{·h)}^{-1}$（$0.0004 \text{m·a}^{-1}$）
沉积物再悬浮速率	U_{RS}	$1.1 \times 10^{-8} \text{ m}^3 \text{·(m}^2 \text{·h)}^{-1}$（$0.0001 \text{m·a}^{-1}$）
沉积物掩埋速率	U_{BS}	$3.4 \times 10^{-8} \text{ m}^3 \text{·(m}^2 \text{·h)}^{-1}$（$0.0003 \text{m·a}^{-1}$）
水从沉积物向地下水的过滤速率	U_L	$3.9 \times 10^{-5} \text{ m}^3 \text{·(m}^2 \text{·h)}^{-1}$（$0.34 \text{m·a}^{-1}$）

表 8.12 介质间迁移 D 值方程

区间	过程	D 值
大气①－水②	扩散	$D_V=1/[1/(k_{VA}A_{12}Z_A)+1/(k_{VW}A_{12}Z_W)]$
	雨水溶解	$D_{RW2}=A_{12}U_RZ_W$
	湿沉降	$D_{QW2}=A_{12}U_RQ_VQ_ZQ$
	干沉降	$D_{QD2}=A_{12}U_QV_QZ_Q$
		$D_{12}=D_V+D_{RW2}+D_{QD2}+D_{QW2}$
		$D_{12}=D_V$
沉积物④－水②	扩散	$D_Y=1/[1/(k_{SW}A_{24}Z_W)+Y_4/(B_{MW}A_{24}Z_W)]$
	沉降	$D_{DS}=U_{DP}A_{24}Z_P$
	再悬浮	$D_{RS}=A_{24}U_{RS}Z_S$
		$D_{24}=D_Y+D_{DS}$
		$D_{42}=D_Y+D_{RS}$
相 i 内的反应或所有相的总和		$D_{Ri}=k_{Ri}V_iZ_i$
相的平流		$D_{Ri}=\sum(k_{Rij}V_{ij}Z_{ij})$
		$D_{Ai}=G_iZ_i$ 或 $U_iA_iZ_i$

注 1. A_{ij} 是介质 i 和 j 间的水平面积；
2. Z 的下标分别代表：A 大气，W 水，Q 气溶胶，S 沉积物，P 悬浮物。

8.3.4 模型计算与结果分析

本节研究自构建Ⅲ级逸度模型，模型采用 Microsoft Visual Basic 6.0 软件编写，同时使用 Microsoft Office Access 2003 作为模型连接的数据库，内容包括欢迎界面、研究区域参数、迁移参数、研究物质参数、模型计算等几个界面部分。对逸度模型Ⅳ采用 MATLAB 6.5 进行模拟计算，采用龙格库塔方法求解微分方程组。

逸度Ⅲ模型计算结果见表 8.13 和表 8.14。

表 8.13 稳态时各相中 α-HCH 的含量及年迁移量

相	大气	水	悬浮物	沉积物	合计
稳态逸度/Pa	$3.01×10^{-8}$	$1.92×10^{-7}$	$2.21×10^{-6}$	$1.11×10^{-5}$	—
稳态浓度/(mol·m^{-3})	$1.39×10^{-11}$	$2.16×10^{-7}$	$9.53×10^{-5}$	$3.81×10^{-4}$	—
稳态质量/kg	0.07	6.05	8.01	38.56	52.69
年均降解量/t	0.0043	0.21	0.18	0.11	0.5043
年均流入总量/t	0.24	1.68	1.34	0	3.26
年均流出总量/t	0.24	1.47	1.16	0	2.87

由表 8.13 结合图 8.10、图 8.11 可以看出：

（1）六六六农药停止使用几十年后，在研究河段稳态条件下，各个相中稳态浓度大小为沉积物＞悬浮物＞水＞大气，其中按顺序沉积物、悬浮物、水、大气中 α-HCH 的逸度逐次较下一个高出一个数量级。

（2）稳态时，沉积物中 α-HCH 的残留量为 38.56kg，悬浮物中为 8.01kg，水中为 6.05kg，沉积物为水中残留量的 6.37 倍，悬浮物中为水中残留量的 1.32 倍，这一结果也反映了多泥沙河流中泥沙的含量对污染物质的残留有着很大的影响。

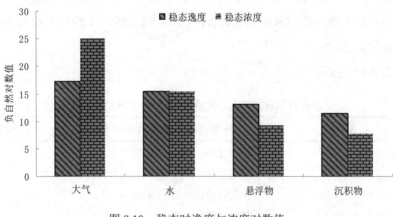

图 8.10　稳态时逸度与浓度对数值

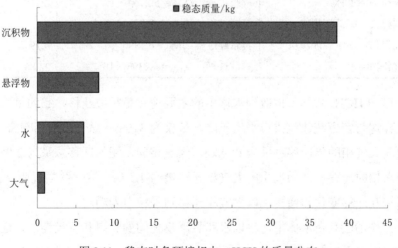

图 8.11　稳态时各环境相中 α-HCH 的质量分布

（3）α-HCH 在环境中的降解量与其在环境中的半衰期及环境相中浓度有关，α-HCH 在环境相中半衰期的大小顺序为沉积物＞水＞大气，α-HCH 在本研究环境中的年总降解量为 0.50t 左右，相内降解量大小顺序为水＞悬浮物＞沉积物＞大气，结合各相中 α-HCH 的浓度顺序可以很清楚地发现，沉积物中 α-HCH 的浓度最高，但是降解量少于水和悬浮物，说明 α-HCH 在沉积物中更持久。

（4）由于河流中推移质的迁移量少、迁移过程复杂，因此本模型中只考虑水体中的悬移质的迁移过程，忽略了水体中推移质的迁移过程，从而假设沉积物的迁移 D 值为 0，得出流入、流出总量均为 0。随着悬浮物的年迁移输入量为 1.34t，随着水体年流入整个研究水域的 α-HCH 含量达到 3.26t，平均每天约为 8.9kg，年流出总量约为 2.87t。

从表 8.14 可以看出：

表 8.14　稳态平衡过程中各相间 α-HCH 的迁移量

传递介质	迁移过程与速率/[mol·(h·Pa)$^{-1}$]	年总迁移量/kg
气体→水体	扩散迁移：$D_{VW}= 2.0422 \times 10^4$	1.78
	降雨迁移：$D_{RW}= 1.9410 \times 10^3$	0.17
水体→气体	挥发扩散：$D_{VW}= 1.4250 \times 10^3$	0.68
水体→悬浮颗粒物	吸附过程：$D_{WSS}= 1.4361 \times 10^5$	68.59
水体→底部沉积物	扩散过程：$D_{WBS}= 8.9166 \times 10^3$	4.26
悬浮颗粒物→水体	解吸过程：$D_{SSW}= 5.2754 \times 10^4$	25.19
悬浮颗粒物→底部沉积物	沉降过程：$D_S= 34.4972$	0.19
底部沉积物→水中悬浮颗粒	再悬浮过程：$D_{RS}= 6.5995$	0.19
底部沉积物→水体	扩散过程：$D_{BSW}= 4.2393 \times 10^3$	23.89

（1）α-HCH 从气体扩散到水体中的主要途径是扩散迁移，它约是降雨迁移的 10 倍，这与官方统计包头市平均年降雨量仅为 310mm 这一事实相吻合。α-HCH 从水相向大气相的年迁移总量为 0.68kg，大气相向水相的迁移总量为 2.95kg，大气相向水相的迁移量约为水相向大气相迁移量的 4.3 倍，这一数据说明在大气-水相之间相互迁移变化的通量，以大气相迁移到水相中为趋向。

（2）α-HCH 在水体中迁移以水和悬浮物之间的吸附和解吸为主，通过计算比较发现这两个过程占整个迁移过程的 75%，这也进一步证实了多泥沙河流中的

悬浮物对 α-HCH 的迁移产生的影响是很大的。

（3）α-HCH 在悬浮物与沉积物之间的沉降与再悬浮过程，在整个环境中的迁移量所占的比例不大，并且两个迁移量比较平衡。

Ⅵ级逸度模型的一个重要作用就是可以通过求解关于时间 t 的微分方程组，来预测环境中污染物质要达到平衡状态时所需要的时间，以及预测在各个时间段中污染物质在环境中的残留量。

模拟预测结果见表 8.15 与图 8.12～图 8.15。

表 8.15　模拟预测结果

时间 /10^2h	逸度/10^{-4}Pa				总量/kg			
	大气	水	悬浮物	沉积物	大气	水	悬浮物	沉积物
0	0.0009	0.0036	0.0534	0.2006	0.1845	11.6282	19.3457	70.0078
5	0.0005	0.0024	0.0251	0.2004	0.1025	7.7521	9.0932	69.9380
10	0.0004	0.0022	0.0229	0.2000	0.0820	7.1061	8.2962	69.7984
15	0.0004	0.0022	0.0227	0.1995	0.0820	7.1061	8.2238	69.6239
20	0.0004	0.0022	0.0227	0.1990	0.0820	7.1061	8.2238	69.4494
25	0.0004	0.0022	0.0227	0.1986	0.0820	7.1061	8.2238	69.3098
30	0.0004	0.0020	0.0233	0.1982	0.0820	6.4601	8.4411	69.1702
35	0.0004	0.0019	0.0230	0.1977	0.0820	6.1371	8.3324	68.9957
40	0.0004	0.0019	0.0224	0.1973	0.0820	6.1371	8.2319	68.8561
45	0.0003	0.0019	0.0221	0.1970	0.0615	6.1371	8.0064	68.7514
50	0.0003	0.0019	0.0221	0.1964	0.0615	6.1371	8.0064	68.5420
4600	0.0003	0.0019	0.0221	0.1105	0.0615	6.1371	8.0064	38.5636

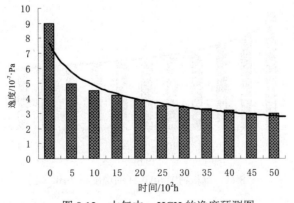

图 8.12　大气中 α-HCH 的逸度预测图

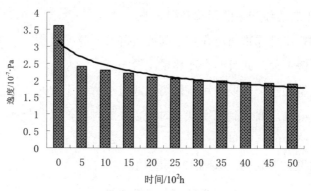

图 8.13 水中 α-HCH 的逸度预测图

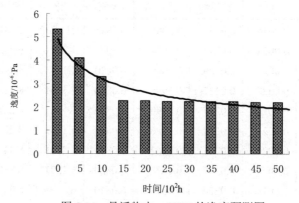

图 8.14 悬浮物中 α-HCH 的逸度预测图

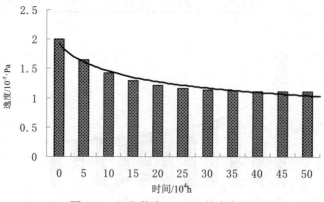

图 8.15 沉积物中 α-HCH 的逸度预测图

可以看出:

(1)大气中 α-HCH 的迁移转化量是比较小的,并且在 4000h 后趋于稳定,这与污染物质在大气中的扩散速度较其他介质快这一特点是相吻合的。

(2)水体和悬浮物同其他介质相比,存在着最为显著的迁移转化量,见表 8.14,它们达到稳态的时间分别是 3500h 和 4500h,这一特点的形成可能与黄河的多泥沙且泥沙含量变化大等特征有关。

(3)沉积物中趋于稳定的时间为 460000h 即约 53 年,这也是在 α-HCH 停用了 20 多年后仍然有大量的物质检出的一个重要的原因。

8.3.5 灵敏度分析

灵敏性分析是借助于模型本身来确定模型输入参数对模型输出结果的相对贡献的,从而识别出对模型输出有重要影响的关键参数,为提高模型的稳健性奠定基础。Morgan 和 Henrion 提出的灵敏性分析算法在多介质环境模拟中得到广泛应用,灵敏性系数(C_S)可以表示为

$$C_S = (C_{1.1} - C_{0.9}) / 0.2 C_{1.0} \tag{8-34}$$

式中,$C_{1.1}$、$C_{1.0}$、$C_{0.9}$ 分别为参数取值的 1.1、1.0 和 0.9 倍时的模型输出结果。灵敏度系数绝对值的大小反映了输入参数对输出结果的影响程度;灵敏度系数的正负代表了参数对模型输出结果的作用效果,即正值表示输出结果随输入参数的增加而增大,负值则反之。灵敏度系数分析见表 8.16~表 8.18。

表 8.16　1.1 倍参数值

参数	大气	水	悬浮物	沉积物	总量
d12	0.06	6.06	8.01	38.56	52.69
d13	0.07	6.05	8.01	38.56	52.69
d21	0.07	6.05	8.01	38.56	52.69
d23	0.07	6.03	8.14	38.42	52.66
d24	0.07	6.22	8.05	43.35	57.68
d32	0.07	6.16	7.50	39.11	52.84
d34	0.07	6.06	8.01	38.77	52.91
d42	0.07	6.23	8.05	39.65	54.00
d43	0.07	6.05	8.01	38.35	52.48

续表

参数	大气	水	悬浮物	沉积物	总量
dbs	0.07	6.05	8.01	38.54	52.68
r1	0.07	6.05	8.01	38.55	52.69
r2	0.07	6.04	8.01	38.46	52.58
r3	0.07	6.05	8.01	38.54	52.68
r4	0.07	5.91	7.98	34.37	48.32
v1	0.08	6.05	8.01	38.55	52.70
v2	0.07	6.64	8.01	38.46	53.18
v3	0.07	6.05	8.81	38.54	53.48
v4	0.07	5.91	7.98	37.80	51.76
z1	0.08	6.05	8.01	38.55	52.70
z2	0.07	6.02	7.88	35.00	48.97
z3	0.07	6.15	9.03	39.18	54.43
z4	0.07	5.91	7.98	37.80	51.76

表 8.17 0.9 倍参数值

参数	大气	水	悬浮物	沉积物	总量
d12	0.08	6.05	8.01	38.55	52.70
d13	0.07	6.05	8.01	38.56	52.69
d21	0.07	6.05	8.01	38.56	52.69
d23	0.07	6.08	7.88	38.69	52.73
d24	0.07	5.90	7.98	34.01	47.96
d32	0.07	5.93	8.60	37.93	52.53
d34	0.07	6.05	8.01	38.34	52.47
d42	0.07	5.89	7.98	37.52	51.46
d43	0.07	6.06	8.01	38.76	52.91
dbs	0.07	6.06	8.01	38.57	52.71
r1	0.07	6.06	8.01	38.56	52.70
r2	0.07	6.07	8.02	38.65	52.81
r3	0.07	6.06	8.02	38.57	52.71
r4	0.07	6.24	8.05	43.91	58.27

参数	大气	水	悬浮物	沉积物	总量
v1	0.06	6.06	8.01	38.56	52.69
v2	0.07	5.46	8.02	38.65	52.20
v3	0.07	6.06	7.21	38.57	51.91
v4	0.07	6.24	8.05	39.52	53.88
z1	0.06	6.06	8.01	38.56	52.69
z2	0.07	6.12	8.18	43.10	57.47
z3	0.07	5.95	7.02	37.89	50.94
z4	0.07	6.24	8.05	39.52	53.88

表 8.18 灵敏度系数

参数	大气	水	悬浮物	沉积物	总量
d12	−0.88	0.00	0.00	0.00	0.00
d13	0.00	0.00	0.00	0.00	0.00
d21	0.30	0.00	0.00	0.00	0.00
d23	−0.01	−0.04	0.16	−0.04	−0.01
d24	0.09	0.26	0.04	1.21	0.92
d32	0.06	0.19	−0.69	0.15	0.03
d34	0.00	0.01	0.00	0.06	0.04
d42	0.09	0.29	0.05	0.28	0.24
d43	0.00	−0.01	0.00	−0.05	−0.04
dbs	0.00	0.00	0.00	0.00	0.00
r1	−0.13	0.00	0.00	0.00	0.00
r2	−0.01	−0.03	0.00	−0.03	−0.02
r3	0.00	0.00	0.00	0.00	0.00
r4	−0.09	−0.28	−0.05	−1.24	−0.94
v1	0.87	0.00	0.00	0.00	0.00
v2	−0.01	0.97	0.00	−0.03	0.09
v3	0.00	0.00	1.00	0.00	0.15
v4	−0.09	−0.28	−0.05	−0.22	−0.20
z1	0.87	0.00	0.00	0.00	0.00
z2	−0.33	−0.08	−0.18	−1.05	−0.81

续表

参数	大气	水	悬浮物	沉积物	总量
z3	0.05	0.16	1.25	0.17	0.33
z4	−0.09	−0.28	−0.05	−0.22	−0.20

　　灵敏度系数分析是把灵敏度参数对模型的影响大小，从大气、水、悬浮物、沉积物四个层面来剖析的，并且把方程式中的直接参数（如，体积 V_i、迁移通量 d_{ij} 等）作为灵敏度分析参数，而不用基础参数（如，空气的高度、水侧 MTC 等），这样可以更直观地看出该数学模型计算中的主要影响参数。

　　由图 8.16、图 8.20 及图 8.21 结合表 8.18 可以看出，在大气中，大气向水中的迁移参数 d12 和大气的体积参数 V_1 的灵敏度系数较大，其中这二者主要的影响因素是 α-HCH 在大气中的传播高度值；大气中灵敏度系数较小的为水到悬浮物的迁移参数 d23、水中的降解参数 r2 和水的体积参数 v2；对大气中 α-HCH 的迁移几乎没有影响的参数为大气到悬浮物的迁移参数 d13、悬浮物到沉积物的迁移参数 d34、沉积物到悬浮物的迁移参数 d43、沉积物的埋藏迁移参数 dbs、悬浮物的降解参数 r3、悬浮物的体积参数 v3。

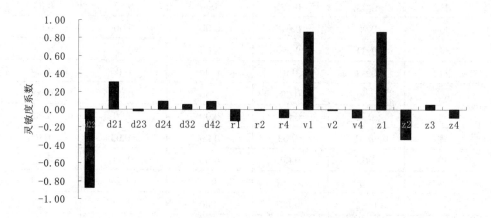

图 8.16　影响大气中 α-HCH 含量模型参数的灵敏性分析图

　　由图 8.17、图 8.20 及图 8.21 结合表 8.18 可以看出，在水体中，灵敏度系数较大的是水体的体积；较小的为悬浮物到沉积物的迁移参数 d34 和沉积物到悬浮物的迁移参数 d43；对水体中 α-HCH 的迁移几乎没有影响的参数为大气到水的迁移参数 d12、大气到悬浮物的迁移参数 d13、水到大气的迁移参数 d21、沉积物的埋藏迁移参数 dbs、大气中的降解参数 r1、悬浮物中的降解参数 r3、大气的体积参数 v1 等。

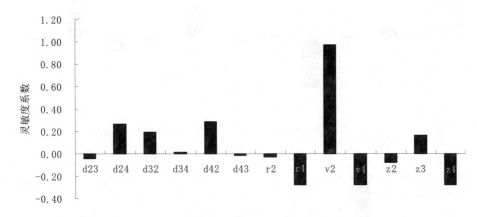

图 8.17　影响水中 α-HCH 含量模型参数的灵敏性分析图

由图 8.18、图 8.20 及图 8.21 结合表 8.18 可以看出，在悬浮物中，灵敏度系数较大的为悬浮物的逸度容量值 z3、悬浮物的体积参数 v3 和悬浮物到水的迁移参数 d32，其中 d32 的主要影响因素是悬浮物的体积参数 v3，这也说明了在水中 α-HCH 的迁移量受悬浮物即泥沙含量的影响很大；z3 值的大小受到悬浮物所夹带有机质的含量的大小的影响，有机质含量与逸度容量成正比关系，有机质含量越大逸度容量越大；灵敏度系数较小的为水到沉积物的迁移参数 d24；对悬浮物中 α-HCH 的迁移几乎没有影响的参数为大气到水的迁移参数 d12、空气到悬浮物的迁移参数 d13、水到大气的迁移参数 d21、大气的逸度容量 z1 等大气相中的迁移参数。

由图 8.19、图 8.20 及图 8.21 结合表 8.18 可以看出，在沉积物中灵敏度系数较大的为水到沉积物的迁移参数 d24 和沉积物的降解速率 r4，因为在沉积物中 α-HCH 主要是以水到沉积物的积累为主，大多数都是通过降解灭失的，这也与理论相一致。

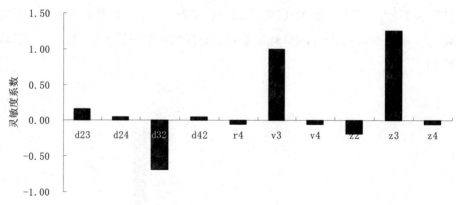

图 8.18　影响悬浮物中 α-HCH 含量模型参数的灵敏性分析图

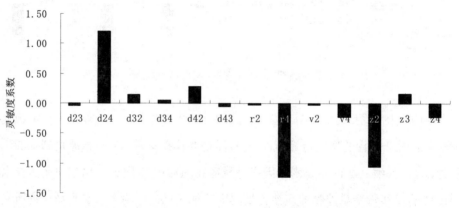

图 8.19　影响沉积物中 α-HCH 含量模型参数的灵敏性分析图

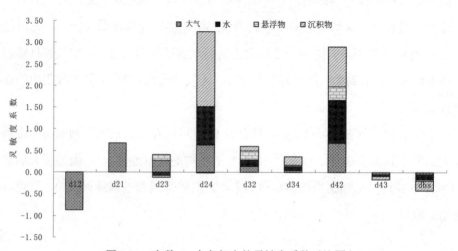

图 8.20　参数 dij 在各相中的灵敏度系数对比图

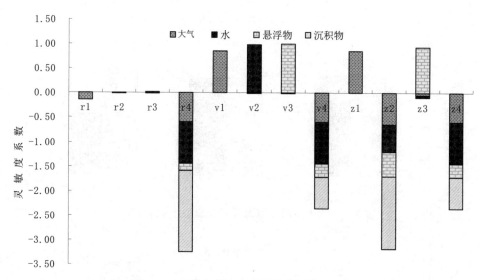

图 8.21　参数在各相中的灵敏度系数对比图

8.3.6　模型验证

由于真实的环境相是十分复杂的，目前还没有能够在真实的环境下，考虑到所有变化情况的智能化模型，因此在模型的建立过程中对现实环境进行了简化，使模型具有模拟的简便性与可操作性。这样的模拟结果具有近似性，必须要经过验证。模型的验证最简单、最直接的方法就是进行实测值和模拟值的比较，如果二者的差值在合理的数值范围内，表明模型的模拟结果能够客观地描述污染物的环境行为，如果偏差太大，就要对模型进行重新构建和调试。

由于缺乏大气与悬浮物的实测数据，因此只能通过水和沉积物对模型进行验证。本模型验证采用 2007 年、2008 年、2009 年对研究河段 α-HCH 的水与沉积物样品的实测平均值与模型的计算值进行比较验证，如图 8.22、图 8.23 所示，从图中可以看出水和沉积物中 α-HCH 的实测值和计算值在数量级上吻合较好，偏差呈现无规律性。由于研究区域尺度大，模型受到诸多因素的影响，从而存在相当程度的不确定性，因此模型结果与实测值相差一个数量级之内均属合理。

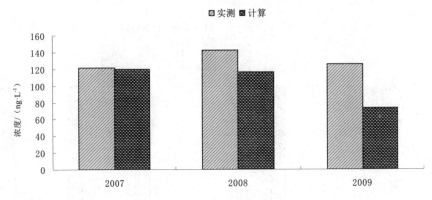

图 8.22　水中实测 α-HCH 浓度与模型计算浓度对比

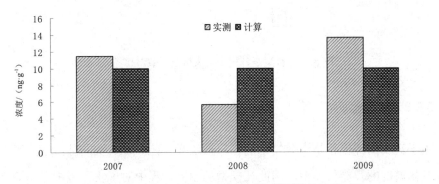

图 8.23　沉积物中实测 α-HCH 浓度与模型计算浓度对比

8.4　小结

本章以头道拐断面、昭君坟至将军尧河段为研究区域，分别从Ⅲ级逸度模型、Ⅳ级逸度模型的角度出发，研究了 α-HCH 在多项介质中的迁移转化规律。

以黄河头道拐断面为研究区域，以 Mackay 的环境多介质模型逸度方法为基础，模拟了畅流期和冰封期 α-HCH 的多介质归趋行为，畅流期模型分为大气、水、悬浮物、沉积物四个主相，冰封期模型分为大气、冰、水、悬浮物、沉积物五个主相。结论如下：

（1）在稳态假设下，利用Ⅲ级逸度模型模拟了畅流期、冰封期 α-HCH 在各相中的浓度分布，其中大气中的 α-HCH 浓度最小，沉积物中的 α-HCH 浓度最大。

（2）计算 α-HCH 在各相间的迁移通量，结果表明，畅流期 α-HCH 从大气相到水相迁移通量最大, 冰封期 α-HCH 从大气相到冰相的迁移通量最大; 通过对模型的灵敏性分析可得, α-HCH 在研究区域中的分配主要受各介质间的分配系数、传质系数及大气高度等的影响。

(3) 通过计算 α-HCH 在各介质中的降解量可知, α-HCH 在沉积物中的降解量最小, 沉积物是 α-HCH 的主要储存库; 畅流期水相中的降解量最大, α-HCH 随水相降解是畅流期 α-HCH 从环境介质中消失的主要途径, 而冰封期冰相中的降解量最大, 随冰相光降解是 α-HCH 从黄河头道拐中消失的主要途径。

(4) 通过研究系统达到平衡时各介质中 α-HCH 的分布情况可得, 冰封期沉积物 α-HCH 占比相比畅流期大 4%左右, 意味着在冰封期时 α-HCH 更容易储存到沉积物中; 畅流期悬浮物 α-HCH 占比相比冰封期大 2%左右, 沉积物中 α-HCH 经过再悬浮进入悬浮物中; 畅流期水相和大气相 α-HCH 的占比较冰封期有所增加。

以昭君坟至将军尧河段作为研究区域, 以典型 POPs 物质为研究对象, 把昭君坟至将军尧河段分为 9 个监测断面, 建立了包含大气、水、悬浮物、沉积物 4 个环境相的逸度模型, 用该模型对该河段环境中 α-HCH 的分布及迁移转化规律进行了模拟。得出结论如下:

(1) 分布模拟。通过对该段典型 POPs 物质 α-HCH 用逸度模型Ⅲ进行稳态环境下的模拟, 表明沉积物中 α-HCH 的残留量为 38.56kg, 悬浮物为 8.01kg, 水中为 6.05kg, 大气中为 0.07kg, 沉积物中残留量为水中残留量的 6.37 倍, 悬浮物中残留量为水中残留量的 1.32 倍, 这一结果也反映了多泥沙河流中泥沙的含量对污染物质的残留有着很大的影响。α-HCH 在水体中迁移以水体和悬浮物之间的吸附和解吸为主, 通过计算比较发现这两个过程占整个迁移过程的 75%, 这也进一步证实了多泥沙河流中的悬浮物对 α-HCH 的迁移产生的影响是很大的。

(2) 预测模拟。通过逸度模型Ⅳ的计算, 表明大气中 α-HCH 的迁移转化量是比较小的, 并且在仅 4000h 后趋于稳定, 水和悬浮物同其他介质相比, 存在着最为显著的迁移转化量, 它们达到稳态的时间分别是 3500h 和 4500h, 这一特点的形成可能与黄河的多泥沙且泥沙含量变化大等特征有关。沉积物中趋于稳定要460000h 即约 53 年, 这也是在 α-HCH 停用了 20 多年后仍然有大量的物质检出的一个重要的原因。

参考文献

[1] 佚名. POPs 的特性[J]. 城市害虫防治，2003（2）：44.

[2] 张静星，布多，王璞，等. 大气中持久性有机污染物被动采样技术及其在偏远区域的应用研究进展[J]. 中国科学，2018，48（10）：1171-1184.

[3] 丛萍，葛翁. 环境荷尔蒙阴影笼罩未来[J]. 绿色中国，2008（3）：42-43.

[4] CARSON R. 寂静的春天[M]. 北京：科学出版社，2007.

[5] 刘静. 全球持久性有机污染物国际合作的分歧——以《斯德哥尔摩公约》等系列条约为中心[J]. 美与时代（城市版），2018（4）：131-132.

[6] 王亚韡，蔡亚岐，江桂斌. 斯德哥尔摩公约新增持久性有机污染物的一些研究进展[J]. 中国科学：化学，2010，40（2）：99-123.

[7] 王大延，王晶晶，聂亚光，等. 有机氯农药硫丹的生殖毒性及其机制研究进展[J]. 生态毒理学报，2017，12（4）：34-44.

[8] 郑明辉，谭丽，高丽荣，等. 履行《关于持久性有机污染物的斯德哥尔摩公约》成效评估监测进展[J]. 中国环境监测，2019，35（1）：1-7.

[9] 韩珍. α-HCH 的多介质归趋行为及风险评价研究[D]. 呼和浩特：内蒙古农业大学，2014.

[10] 曹伟娟. 黄河头道拐断面冰封期 PCBs 和 HCHs 的分布特征研究[D]. 呼和浩特：内蒙古农业大学，2013.

[11] LI Y F. Global technical hexachlorocyclohexane usage and its contamination consequences in the environment: from 1948 to 1997[J]. Ence of the Total Environment, 1999, 232(3):121-158.

[12] 石峰. 基于不同因素表层土壤中 HCHs 的空间分布规律研究[D]. 呼和浩特：内蒙古农业大学，2018.

[13] 刘昕. 持久性有机污染物的森林过滤效应研究[D]. 广州：中国科学院研究生院（广州地球化学研究所），2016.

[14] 徐晨烨. 典型环境持久性有机污染物的母婴人群暴露与新生儿健康风险评价[D]. 杭州：浙江大学，2018.

[15] YINGMING L I, ZHANG Q, DONGSHENG J I, et al. Levels and Vertical Distributions of PCBs, PBDEs, and OCPs in the Atmospheric Boundary Layer: Observation from the Beijing 325-m Meteorological Tower[J]. Environmental ence & Technology, 2009, 43(4):1030-1035.

[16] 王冬. 多氯联苯（PCBs）的环境生态毒性研究[D]. 杭州：浙江大学，2006.

[17] 江锦花. 近海海洋环境中多环芳烃的浓度水平及来源分析[D]. 杭州：浙江大学，2006.

[18] 孙慧超. 大连市区部分多环芳烃（PAHs）的来源和多介质环境行为[D]. 大连：大连理工大学，2005.

[19] GB3095－2012[S]环境空气质量标准.

[20] GB15618－2018[S]土壤环境质量农用地土壤污染风险管控险标准（试行）.

[21] GB3838－2002[S]地表水环境质量标准.

[22] GB/T14848－2017[S]地下水标准.

[23] GB18668－2002[S]海洋沉积物质量标准.

[24] ALEGRIA H A, WONG F, JANTUNEN L M, et al. Organochlorine pesticides and PCBs in air of southern Mexico (2002–2004)[J]. Atmospheric Environment, 2008, 42(38):8810-8818.

[25] 朱思宇. 杭州市典型农业和工业区氯代 POPs 的残留、土气交换特征及健康风险研究[D]. 杭州：浙江大学，2017.

[26] 劳齐斌，矫立萍，陈法锦，等. 北极区域传统和新型 POPs 研究进展[J]. 地球科学进展，2017，32（2）：128-138.

[27] HARGRAVE B T, VASS W P, ERICKSON P E, et al. Atmospheric transport of organochlorines to the Arctic Ocean[J]. Tellus Series B—Chemical&Physical Meteorology, 1988, 40:480-493.

[28] WU X, LAM J C, XIA C, et al. Atmospheric HCH concentrations over the Marine Boundary Layer from Shang hai, China to the Arctic Ocean:Role of human activity and climate change[J]. Environmental Science& Technology,

2010, 44(22):8422-8428.

[29] 潘静，盖楠. 中国高山及高原边缘过渡区环境中持久性有机污染物研究进展[J]. 环境化学，2018，37（5）：1002-1012.

[30] 邓绍坡，吴运金，龙涛，等. 我国表层土壤多环芳烃（PAHs）污染状况及来源浅析[J]. 生态与农村环境学报，2015，31（6）：866-875.

[31] 张延平. 浙、闽、川、湘竹笋及产地土壤 POPs 的分布与健康风险评估[D]. 北京：中国林业科学研究院，2018.

[32] 王传飞，龚平，王小萍，等. 西藏农田土和农作物中多氯联苯的分布、环境行为和健康风险评估[J]. 生态毒理学报，2016，11（2）：339-346.

[33] NOTARIANNI V, CALLIERA M, TREMOLADA P, et al. PCB distribution in soil and vegetation from different areas in Northern Italy[J]. Chemosphere, 1998, 37(14):2839-2845.

[34] MAMONTOVA E A, MAMONTOV A A, TARASOVA E N, et al. Polychlorinated biphenyls in surface soil in urban and background areas of Mongolia[J]. Environmental Pollution, 2013, 182(182C):424-429.

[35] 鲁垠涛，刘明丽，刘殷佐，等. 长江表层土壤多氯联苯污染特征及风险评价[J]. 中国环境科学，2018，38（12）：4617-4624.

[36] 姚宏，卢双，张旭，等. 黄河岸边土壤中类二噁英类多氯联苯污染现状及风险[J]. 环境科学，2018，39（1）：123-129.

[37] 孙灵湘，毛健，刘腾飞，等. 苏南某地区不同土地利用类型下农田土壤的多氯联苯污染现状分析[J]. 食品安全质量检测学报，2019，10（17）：5615-5620.

[38] 张婧雯，张红，刘勇，等. 太原市农田土壤中多氯联苯污染特征及健康风险[J]. 安徽农业科学，2017，45（35）：96-101.

[39] YINTAO L U, MINGLI L, JING W, et al. Distribution characteristics and ecological risk assessment of polychlorinated biphenyls in farmland soil of Tongliao City[J]. Journal of Beijing Jiaotong University, 2017, 41(4):61, 62-69.

[40] KIM L, JEON J W, LEE Y S, et al. Monitoring and risk assessment of polychlorinated biphenyls (PCBs) in agricultural soil collected in the vicinity of

an industrialized area[J]. Applied Biological Chemistry, 2016, 59(4):655-659.

[41] ARMITAGE J M, HANSON M, AXELMAN J, et al. Levels and vertical distribution of PCBs in agricultural and natural soils from Sweden[J]. Science of the Total Environment, 2006, 371(1-3):344-352.

[42] 邵科，尹文华，朱国华，等．电子垃圾拆解地周边土壤中二噁英和二噁英类多氯联苯的浓度水平[J]．环境科学，2013（11）：4434-4439.

[43] 肖鹏飞．吉林省土壤有机氯农药污染的研究进展[J]．黑龙江科技信息，2017（17）：153-154.

[44] 窦磊，杨国义．珠江三角洲地区土壤有机氯农药分布特征及风险评价[J]．环境科学，2015，36（8）：2954-2963.

[45] 杨晓梅，塔娜，徐永明，等．中国有机氯农药的监测现状[J]．化工环保，2013，33（2）：123-128.

[46] 陶玉强，赵睿涵．持久性有机污染物在中国湖库水体中的污染现状及分布特征[J]．湖泊科学，2020，32（2）：309-324.

[47] 穆希岩，黄瑛，李学锋，等．我国水体中持久性有机污染物的分布及其对鱼类的风险综述[J]．农药学学报，2016，18（1）：12-27.

[48] 韩珍，裴国霞，张琦，等．黄河头道拐冰封期 α-HCH 逸度模型的建立与验证[J]．干旱区资源与环境，2014，28（12）：184-189.

[49] OGATA Y, TAKADA H, MIZUKAWA K, et al. International Pellet Watch: Global monitoring of persistent organic pollutants (POPs) in coastal waters. 1. Initial phase data on PCBs, DDTs, and HCHs[J]. Marine Pollution Bulletin, 2009, 58(10): 1437-1446.

[50] RENAN P, LONGO B, BERNHARD R, et al. Partition of organochlorine concentrations among suspended solids, sediments and brown mussel Perna perna, in tropical bays[J]. Chemosphere Environmental Toxicology & Risk Assessment, 2014.

[51] SCHWIENTEK M, HERMANN R, Beckingham B, et al. Integrated monitoring of particle associated transport of PAHs in contrasting catchments[J]. Environmental Pollution, 2013, 172(JAN.):155-162.

[52] MACDONALD C R, METCALFE C D. Concentration and Distribution of PCB Congeners in Isolated Ontario Lakes Contaminated by Atmospheric Deposition[J]. Canadian Journal of Fisheries and Aquatic ences, 2011, 48(3):371-381.

[53] HARTMANN P C, QUINN J G, CAIRNS R W, et al. The distribution and sources of polycyclic aromatic hydrocarbons in Narragansett Bay surface sediments[J]. Marine pollution bulletin, 2004, 48(3/4):351-358.

[54] YIM U H, HONG S H, SHIM W J. Distribution and characteristics of PAHs in sediments from the marine environment of Korea[J]. Chemosphere, 2007, 68(1):85-92.

[55] OSORO E. Organochlorine Pesticides Residues in Water and Sediment from Rusinga Island, Lake Victoria, Kenya[J]. Iosr Journal of Applied Chemistry, 2016.

[56] SAKAN S, OSTOJIC B, DORDEVIC D. Persistent organic pollutants (POPs) in sediments from river and artificial lakes in Serbia[J]. Journal of Geochemical Exploration, 2017, 180:91-100.

[57] 程书波，刘敏，刘华林，等．长江口滨岸水体悬浮颗粒物中 PCBs 和 OCPs 赋存研究[C]//清华大学持久性有机污染物研究中心、国家环境保护总局斯德哥尔摩公约履约办公室、中国化学会环境化学专业委员会、中国环境科学学会持久性有机污染物专业委员会（筹）．持久性有机污染物论坛 2007 暨第二届持久性有机污染物全国学术研讨会论文集，2007：32-33．

[58] 许士奋，蒋新，冯建，等．气相色谱法测定长江水体悬浮物和沉积物中有机氯农药的残留量[J]．环境科学学报，2000（4）：494-498．

[59] 孙阳昭．京郊水体中 POPs 污染特征及中国削减二噁英类方法学研究[J]．环境化学与生态毒理学国家重点实验室，2005．

[60] 赵彩平，丁毅，李玉成．淮河中游重化工聚集区干流水体中多环芳烃研究[J]．科技导报，2009，27（16）：83-88．

[61] LIU W X, HE W, NING Q, et al. The residues, distribution, and partition of organochlorine pesticides in the water, suspended solids, and sediments from a

large Chinese lake (Lake Chaohu) during the high water level period[J]. Environmental ence & Pollution Research International, 2013, 20(4):2033-2045.

[62] 尹肃，李智芹，吴悦菡，等. 海河流域水体沉积物中多氯联苯污染特征及风险评价[J]. 环境污染与防治，2016，38（8）：10-14.

[63] 李秀丽，赖子尼，穆三妞，等. 珠江入海口表层沉积物中多氯联苯残留与风险评价[J]. 生态环境学报，2013，21（1）：135-140.

[64] 张明，唐访良，张伟，等. 杭州青山水库沉积物中多环芳烃的垂直分布、来源及潜在生态风险[J]. 地球与环境，2020，48（4）：405-412.

[65] 卢丽，王喆，裴建国. 南宁市城市近郊型地下河表层沉积物多环芳烃污染特征及来源解析[J]. 环境污染与防治，2020，42（5）：597-603.

[66] 徐志英，陈小军，徐顺飞，等. 扬州城区水体和表层沉积物中有机氯农药污染状况分析[J].扬州大学学报（农业与生命科学版），2020,41（2）：120-126.

[67] 张嘉雯，魏健，吕一凡，等. 衡水湖沉积物中典型持久性有机污染物污染特征与风险评估[J]. 环境科学，2020，41（3）：1357-1367.

[68] 陈丽，刘衍君，曹建荣，等. 东平湖表层沉积物中多氯联苯的污染特征[J]. 水土保持通报，2018，38（6）：42-46，53.

[69] 薛洪海. 六六六在水、冰和雪中的光化学行为[D]. 长春：吉林大学，2012.

[70] GUSTAFSSON Ö, ANDERSSON P, AXELMAN J, et al. Observations of the PCB distribution within and in-between ice, snow, ice-rafted debris, ice-interstitial water, and seawater in the Barents Sea marginal ice zone and the North Pole area[J]. Science of The Total Environment, 2005(342): 261-279.

[71] Matykiewiczová N. Photochemistry of persistent chemicals in solid matrices[D]. Brono, Masaryk University, 2007.

[72] NEMIROVSKAYA I A. Organic compounds in the snow-ice cover of eastern Antarctica[J]. Geochemistry International, 2006, 44(8):825-834.

[73] 李全莲，王宁练，武小波，等. 青藏高原冰川雪冰中多环芳烃的分布特征及其来源研究[J]. 中国科学：地球科学，2010，40（10）：1399-1409.

[74] 曹银铃，周虹，余朝琦，等. C-（18）膜萃取—气相色谱/质谱法测定海螺沟冰雪中多环芳烃[J]. 辽宁化工，2014，43（4）：498-502.

[75] 王玲, 孙军军, 谢益东, 等. 空气和土壤中持久性有机污染物监测研究[J]. 环境与发展, 2020, 32 (3): 178-179.

[76] HUNG H, KATSOYIANNIS A A, BRORSTROM-LUNDEN E, et al. Temporal trends of Persistent Organic Pollutants (POPs) in arctic air: 20 years of monitoring under the Arctic Monitoring and Assessment Programme (AMAP)[J]. Environmental Pollution, 2016, 217(oct.): 52-61.

[77] 韩德明. 西安城区大气中多氯联苯的污染特征、气粒分配及来源解析[D]. 西安: 西安建筑科技大学, 2014.

[78] 员晓燕, 杨玉义, 李庆孝, 等. 中国淡水环境中典型持久性有机污染物(POPs)的污染现状与分布特征[J]. 环境化学, 2013, 32 (11): 2072-2081.

[79] 张菲娜, 祁士华, 苏秋克, 等. 福建兴化湾水体有机氯农药污染状况[J]. 地质科技情报, 2006 (4): 86-91.

[80] 夏凡, 胡雄星, 韩中豪, 等. 黄浦江表层水体中有机氯农药的分布特征[J]. 环境科学研究, 2006 (2): 11-15.

[81] 王伟权, 张瑞杰, 余克服, 等. 广西廉州湾和三娘湾表层水体中多环芳烃的时空分布与来源解析[J]. 热带地理, 2019, 39 (3): 337-346.

[82] 吕佳佩. 辽河水环境中典型持久性有机污染物的污染特征研究[D]. 北京: 中国环境科学研究院, 2015.

[83] UNYIMADU J P, OSIBANJO O, BABAYEMI J O. Selected persistent organic pollutants (POPs) in water of River Niger: occurrence and distribution[J]. Environmental Monitoring and Assessment, 2018, 190(1):1-18.

[84] PROKES R, VRANA B, KLANOVA J. Levels and distribution of dissolved hydrophobic organic contaminants in the Morava river in Zlin district, Czech Republic as derived from their accumulation in silicone rubber passive samplers[J]. Environmental Pollution, 2012, 166(7): 157-166.

[85] ZHANG Y, GUO C S, XU J, et al. Potential source contributions and risk assessment of PAHs in sediments from Taihu Lake, China: Comparison of three receptor models[J]. Water Research, 2012, 46(9):3065-3073.

[86] LAKHANI A. Polycyclic Aromatic Hydrocarbons: Sources, Importance and

Fate in the Atmospheric Environment[J]. Current Organic Chemistry, 2018, 22(11): 1050-1069.

[87] MEIJER S N, OCKENDEN W A, SWEETMAN A, et al. Global Distribution and Budget of PCBs and HCB in Background Surface Soils: Implications for Sources and Environmental Processes[J]. Environmental Science & Technology, 2003, 37(4):667-672.

[88] LI Y F, HARNER T, LIU L Y, et al. Polychlorinated biphenyls in global air and surface soil: distributions, air-soil exchange, and fractionation effect[J]. Environmental ence & Technology, 2010, 44(8):2784-2790.

[89] 张乔楠. 大连市 PAHs 和 OPFRs 的大气、土壤分布与土－气交换研究[D]. 大连：大连理工大学，2020.

[90] 王春辉，吴绍华，周生路，等. 典型土壤持久性有机污染物空间分布特征及环境行为研究进展[J]. 环境化学，2014，33（11）：1828-1840.

[91] 崔晓媛. 长江中下游饮用水水源地中典型 POPs 的污染特征及风险分析[D]. 石家庄：河北师范大学，2020.

[92] 陈宇云，朱利中. 钱塘江地表水多环芳烃的时空分布特征研究[J]. 广东农业科学，2011，38（3）：148-150.

[93] 杨清书，雷亚平，欧素英，等. 珠江广州河段水环境中多环芳烃的组成及其垂直分布特征[J]. 海洋通报，2008，27（6）：34-43.

[94] KIM E J, KIM J G. Distribution of Organohalogen Compounds in Surface Water and Sediments of Major River Systems Across South Korea[J]. Environmental Engineering ence, 2018, 35(1):27-36.

[95] TAO S, LIU W, LI Y, et al. Organochlorine Pesticides Contaminated Surface Soil As Reemission Source in the Haihe Plain, China[J]. Environmental ence & Technology, 2008, 42(22):8395-8400.

[96] 韩志超. 基于被动采样技术的土壤中 PCBs 和 DDTs 污染特征、空间分布及来源分析[D]. 北京：北京交通大学，2018.

[97] ARGIRIADIS E, RADA E C, VECCHIATO M, et al. Assessing the influence of local sources on POPs in atmospheric depositions and sediments near Trento

(Italy)[J]. Atmospheric Environment, 2014(98):32-40.

[98] POZO K, MARTELLINI T, CORSOLINI S, et al. Persistent Organic Pollutants (POPs) in the Atmosphere of Coastal Areas of the Ross Sea, Antarctica: Indications for Long-Term Downward Trends[J]. Chemosphere, 2017, 7(178): 458-465.

[99] YAO W Q, WANG D X, ZHANG G. Assessment of persistent organic pollutants (POPs) in sediments of the Eastern Indian Ocean. Science of The Total Environment. 2020(710):136335.

[100] GEDIK K, DEMIRCIOGLU F, IMAMOGLU I. Spatial distribution and source apportionment of PCBs in sediments around zmit industrial complexes, Turkey[J]. Chemosphere, 2010, 81(8):992-999.

[101] 李敏桥，林田，李圆圆，等. 中国东海水体中多氯联苯的浓度及其组成特征[J]. 海洋环境科学，2019，38（4）：589-593，601.

[102] 程逸群，王龙飞，胡晓东，等. 江苏省代表性水源地持久性有机污染物污染特征及风险评价[J]. 江苏水利，2020（4）：1-9.

[103] 张桂芹，陈春竹，姜晓婧，等. 钢铁企业单元生产工序中 PCBs 排放特征及对周边空气质量影响评价[J]. 环境工程，2019，37（5）：134-140，190.

[104] 周晓芳，高良敏，陈晓晴，等. 杨庄煤矿区农田塌陷水域多介质 OCPs 污染特征及生态风险研究[J]. 农业环境科学学报，2020，39（5）：1085-1093.

[105] 刘红霞，刘毛林，吴东辉，等. 鄂东地区有机氯农药污染特征及健康风险评价[J]. 湖北理工学院学报，2017，33（3）：18-23.

[106] 谭菊，伍钢，许云海，等. 望城饮用水源地周边土壤多环芳烃的污染特征和风险评价[J]. 湖南农业大学学报（自然科学版），2020，46（2）：206-214.

[107] OZAKI N, KINDAICHI T, OHASHI A. PAHs emission source analysis for air and water environments by isomer ratios — Comparison by modified Cohen's d[J]. Science of the Total Environment, 2020, 715:1-8.

[108] 占伟，吴文忠，徐盈，等. 有机有毒污染物在土壤及底泥系统中的吸附/解吸行为研究进展[J]. 环境科学进展，1998，6（3）：l-13.

[109] 杨丽莉，王美飞，张予燕，等. 南京市大气颗粒物中多环芳烃变化特征[J]. 中

国环境监测，2016，32（1）：53-57.

[110] BOGAN B W, SULLIVAN W R. Physicochemical soil parameters affecting sequestration andmycobacterial biodegradation of polycyclic aromatic hydrocarbons in soil[J]. Chemosphere, 2003, 52:1717-1726.

[111] 邱增羽，高良敏. 多介质环境中 PAHs 分布情况以及环境影响[J]. 阴山学刊（自然科学版），2017，31（2）：44-49.

[112] 何江，李桂海，关伟，等. 黄河沉积物对芳烃类有机物的吸附特性研究[J]. 农业环境科学学报，2005（2）：312-317.

[113] 丁辉，李鑫钢，徐世民，等. 悬浮底泥六氯苯吸附-解吸行为研究[J]. 农业环境科学学报，2008（2）：711-715.

[114] 赵益栋. 持久性有机物在沉积物上的吸附-解吸行为[J]. 化工管理，2013（12）：74-75.

[115] 张盼伟. 海河流域典型水体中 PPCPs 的环境行为及潜在风险研究[D]. 北京：中国水利水电科学研究院，2018.

[116] 黄焕芳. 青藏高原有机氯农药的大气长距离迁移转化研究[D]. 北京：中国地质大学，2018.

[117] RAM K, ANASTASIO C. Photochemistry of phenanthrene, pyrene, and fluoranthene in ice and snow[J]. Atmospheric Environment, 2009, 43(14): 2252-2259.

[118] BERNSTEIN M P. UV Irradiation of Polycyclic Aromatic Hydrocarbons in Ices: Production of Alcohols, Quinones, and Ethers[J]. Science, 1999, 283(5405): 1135-1138.

[119] 黄国兰，庄源益，戴树桂. 颗粒物上多环芳烃的光转化作用[J]. 南开大学学报（自然科学版），1997（1）：98-101.

[120] 夏星辉，张曦，杨志峰，等. 黄河水体颗粒物对 3 种多环芳烃光化学降解的影响[J]. 环境科学，2006（1）：115-120.

[121] YANG W, LANG Y H, LI G L. Concentration, Source, and Carcinogenic Risk of PAHs in the Soils from Jiaozhou Bay Wetland[J]. Polycyclic Aromatic Compounds, 2014, 34(4): 439-451.

[122] YANG W, LANG Y H, LI G L. Cancer risk of polycyclic aromatic hydrocarbons (PAHs) in the soils from Jiaozhou Bay wetland. [J]. Chemosphere, 2014, 112: 289-295.

[123] 陈晓荣，王洋，刘强，等. 不同工业城市郊区菜地土壤中多氯联苯的残留现况与健康风险评价[J]. 土壤与作物，2016，5（1）：14-23.

[124] 李玲，李丰宝，田雨，等. 宁夏地表水环境中有机氯农药六六六和滴滴涕的残留现状与健康风险评价[J]. 宁夏医科大学学报，2014，36（5）：539-544.

[125] 陈瑞，李拥军，杨海霞，等. 2018年兰州社区大气细颗粒物中多环芳烃的污染特征及健康风险评价[J]. 卫生研究，2019，48（6）：957-963.

[126] 廖伟，刘娜，冯承莲，等. 种群水平生态风险评价方法概述及其在环境管理中的应用[J]. 生态毒理学报，2020，15（1）：2-16.

[127] 周怡彤，李清雪，王斌，等. 太湖流域西北部地表水中农药的污染特征及生态风险评价[J/OL]. 生态毒理学报：1-20[2020-07-23]. http：//kns. cnki. net/kcms/detail/11. 5470. X. 20200511. 1125. 002. html.

[128] 杨延梅，赵航晨，孟睿，等. 嘉兴市城市河网区多环芳烃污染源解析及生态风险评价[J/OL]. 环境科学：1-14[2020-07-23]. https：//doi.org/10.13227/ j.hjkx.202003134.

[129] 高秋生，焦立新，杨柳，等. 白洋淀典型持久性有机污染物污染特征与风险评估[J]. 环境科学，2018，39（4）：1616-1627.

[130] 刘洁，李慧君，文少白，等. 清澜港-八门湾表层沉积物PAHs分布、来源及风险评价[J]. 环境科学与技术，2019，42（10）：42-50.

[131] 何伟，秦宁，何玘霜，等. 丰水期巢湖表层水体六六六类农药的残留与风险[J]. 环境科学学报，2011，31（5）：919-926.

[132] ULLAH R, ASGHAR R, BAQAR M, et al. Assessment of polychlorinated biphenyls (PCBs) in the Himalayan Riverine Network of Azad Jammu and Kashmir[J]. Chemosphere, 2019, 240:124762.

[133] NEFF J M, et al. Ecological risk assessment of polycyclic aromatic hydrocarbons in sediments: Identifying sources and ecological hazard[J]. Integrated Environmental Assessment & Management, 2005, 1:22.

[134] 陈蓉. 壬基酚、辛基酚的多介质环境归趋研究[D]. 昆明：昆明理工大学，2015.

[135] 张芊芊. 中国流域典型新型有机污染物排放量估算、多介质归趋模拟及生态风险评估[D]. 广州：中国科学院研究生院（广州地球化学研究所），2015.

[136] JANTUNEN L M, BIDLEMAN T. Air-Water gas exchange of hexachlorocyclohexanes (HCHs) and the enantiomers of a-HCH in arctic regions. Journal of Geophysical Research-Atmospheres, 1997, 102(D15):19279-19282.

[137] BREIVIK K L, WANIA F. Evaluating a model of the historical behavior of two hexachorocyclohexanes in the Baltic sea environment[J]. Environmental Science and Technology, 2002, 36(6):1014-1023

[138] CROPP R, KERR G, BENGTSON-NASH S, et al. A dynamic biophysical fugacity model of the movement of a persistent organic pollutant in Antarctic marine food webs[J]. Environmental Chemistry, 2011, 8(3):263-280.

[139] JURADO E, LOHMANN R, MEIJER S, et al. Latitudinal and seasonal capacity of the surface oceans as a reservoir of PCBs[J]. Environmental Pollution, 2004, 128(1/2): 149-162.

[140] JURADO E. Modelling the ocean-atmosphere exchanges of Persistent Organic Pollutants (POPs)[D]. Barcelona, Universitat Politècnica de Catalunya, 2006.

[141] 陈春丽，杨洋，戴星照，等. 鄱阳湖区 PAHs 的多介质迁移和归趋模拟[J]. 环境科学研究，2016，29（2）：218-226.

[142] 张晓涛，陆愈实，杨丹. 福建泉州湾有机氯农药的多介质迁移与归趋[J]. 中国环境科学，2016，36（7）：2146-2153.

[143] 董继元，王式功，高宏，等. 兰州地区苯并（a）芘的环境多介质迁移和归趋模拟[J]. 生态环境，2008，17（6）：2150-2153.

[144] 高梓闻，徐月，亦如瀚. 典型有机氯农药在珠三角地区多介质环境中的归趋模拟[J]. 环境科学，2018，39（4）：1628-1636.

[145] 师长兴. 黄河宁蒙段河道洪峰过程洪-床-岸相互作用机理[M]. 北京：科学出版社，2016.

[146] 王绍伟，马婷. 黄河流域内蒙古段工业园区污染治理建议[J]. 科技风，2016（21）：104.

[147] 内蒙古自治区统计局. 2016 内蒙古统计年鉴[M]. 北京：中国统计出版社，2016.

[148] 王珊，吕君. 资源型城市可持续发展能力提升的对策研究——以鄂尔多斯市为例[J]. 现代营销（学苑版），2013（5）：172-174.

[149] 陈国云，刘瑞. 黄河三盛公水利枢纽水资源利用现状及存在的问题[J]. 内蒙古水利，2016（12）：44-45.

[150] 张俊. 黄河海勃湾水利枢纽导流明渠进出口围堰施工方案优化[J]. 水力发电，2012（12）：45-47.

[151] 董占地. 黄河上游宁蒙河段水沙变化及河道的响应[M]. 北京：中国水利水电出版社，2017.

[152] 史淑娟，赵楠. 乌海湖黄河右岸生态景观及护岸工程设计[J]. 人民黄河，2012（12）：22-23.

[153] 司芳芳，刘纯阳，郭幼平. 堤防、险工抢险技术在黄河内蒙古五原段的应用[J]. 内蒙古水利，2007（3）：21-22.

[154] 黄河防洪志编纂委员会. 黄河防洪志[M]. 郑州：河南人民出版社，2017.

[155] 永永，菅耀甄，张校兵，等. 铅丝石笼在河道控导工程中的应用[J]. 内蒙古水利，2007（2）：25.

[156] 高瑛. 黄河托克托县段护岸工程运行分析[J]. 内蒙古水利，2007（4）：22，37.

[157] 中华人民共和国水利部. 中国河流泥沙公报 2015[M]. 北京：中国水利水电出版社，2015

[158] 李勃，穆兴民，高鹏，等. 1956—2017 年黄河干流径流量时空变化新特征[J]. 水土保持研究，2019，26（6）：120-126，132.

[159] 水利部黄河水利委员会. 2003 黄河水资源公报，2003.

[160] 王欢，李栋梁，蒋元春. 1956—2012 年黄河源区流量演变的新特征及其成因[J]. 冰川冻土，2014，36（2）：403-412.

[161] 赵乐. 黄河内蒙古段水沙变化特性分析及预测研究[D]. 内蒙古：内蒙古农

业大学，2019.

[162] 水利部黄河水利委员会. 2015 黄河水资源公报，2015.

[163] 李超，全栋，张岩，等. 黄河（内蒙古段）水沙运动过程特征及演变趋势[J]. 水土保持学报，2020，34（1）：41-46，53.

[164] 常宏，左合君，王海兵，等. 黄河乌兰布和沙漠段两岸地表沉积物多重分形特征及其指示意义[J]. 干旱区研究，2019，36（6）：1559-1567.

[165] 杨根生. 黄河石嘴山-河口镇河道淤积泥沙来源分析及治理对策[M]. 北京：海洋出版社，2002

[166] 杨根生，拓万全，戴丰年，等. 风沙对黄河内蒙古河段河道泥沙淤积的影响[J]. 中国沙漠，2003（2）：54-61.

[167] 冯国娜. 黄河内蒙段冰情预报模型与凌汛洪水风险研究[D]. 天津：天津大学，2014.

[168] 张傲姐. 黄河内蒙段冰情特点及预报模型研究[D]. 内蒙古：内蒙古农业大学，2011.

[169] 冀鸿兰. 黄河内蒙段凌汛成因分析及封开河日期预报模型研究[D]. 内蒙古：内蒙古农业大学，2002.

[170] 张军献，等. 黄河流域水功能区监督管理理论研究与实践[M]. 郑州：黄河水利出版社，2014.

[171] 瑞亭，翟俊峰，王丽媛. 呼和浩特市水功能区水质变化原因分析[J]. 内蒙古水利，2019，198（2）：55-56.

[172] 张勇，张瑞锋，肖春，等. 包头市黄河水功能区划及水质质量现状分析[J]. 水资源保护，2011，27（6）：63-66.

[173] 内蒙古自治区水利厅. 内蒙古自治区水功能区划[R]. 呼和浩特，2010.

[174] 梁贵生，赵希林，罗虹，等. 黄河干流内蒙古河段排污口调查及评价[J]. 内蒙古水利，2010（1）：31-32.

[175] 张琦. 黄河包头段冻融过程中 PAHs 分布降解特性研究及风险评价[D]. 内蒙古：内蒙古农业大学，2015.

[176] 彭少明，王煜，郑小康，等. 黄河水质水量一体化配置和调度研究[M]. 郑州：黄河水利出版社，2016.

[177] 丁国武.黄河兰州段环境激素污染水平及有机污染物的细胞毒性研究[D].兰州：兰州大学，2011.

[178] 南开大学环境科学与工程学院. 黄河兰州段典型污染物迁移转化特性及承纳水平研究[M]. 北京：化学工业出版社，2006.

[179] 国家环境保护总局. 水和废水监测分析方法[M]. 北京：中国环境科学出版社，2002.

[180] HJ 478－2009[S]水质 多环芳烃的测定 液液萃取和固相萃取高效液相色谱法.

[181] GB 5749－2006[S]生活饮用水卫生标准.

[182] 张祖麟，陈伟琪，哈里德，等. 九龙江口水体中多氯联苯的研究[J]. 云南环境科学，2000，增刊：124-126.

[183] 阚明学，温青，刘广民，等. 多氯联苯在自然水体中的分布现状与处理工艺[J]. 中国给水排水，2006，22（24）：10-14.

[184] 杨永亮，潘静，李悦，等.青岛近海沉积物 PCBs 的水平与垂直分布及贝类污染 [J]. 中国环境科学，2003，23（5）：515-520.

[185] 陈满荣，俞立中，许世远，等. 长江口 PCBs 污染及水环境 PCBs 研究趋势 [J]. 环境科学与技术，2004，27：24-34.

[186] 杨艳红，傅家谟. 珠江三角洲一些城市水体中微量有机污染物的初步研究 [J]. 环境科学学报，1996，1（1）：59-65.

[187] HOPE B, SCATOLINI S, TITDS, et al. Distribution patterns of polychlorinated biphenyl congeners in water，sediment and biota from Midway Atoll (North Pacif ic Ocean)[J]. Mar Poll Bull, 1997, 34: 548-563.

[188] 王卿梅，何玘霜，王雁，等. 巢湖悬浮物中有机氯农药的分布、来源与风险[J]. 湖泊科学，2014，26（6）：887-896.

[189] 于英鹏，刘敏. 太湖流域水源地有机氯农药分布特征与生态风险评价[J]. 环境污染与防治，2017，39（8）：829-834.

[190] 刘华林，刘敏，程书波，等. 长江口南岸水体 SPM 和表层沉积物中 OCPs 的赋存[J]. 中国环境科学，2005，25（5）：622-626.

[191] 齐维晓，刘会娟，曲久辉，等. 天津主要纳污及入海河流中有机氯农药的

污染现状及特征[J]. 环境科学学报，2010，30（8）：1543-1550.

[192] 马骁轩，冉勇，孙可，等. 珠江水系两条重要河流水体中悬浮颗粒物的有机污染物含量[J]. 生态环境，2007，16（2）：378-383.

[193] 杨嘉谟，王赟，苏青青. 长江武汉段水体悬浮物中有机氯农药的残留状况[J]. 环境科学研究，2004，17（6）：27-37.

[194] 陈玮琪，洪华生，张珞平，等. 珠江口表层沉积物和悬浮颗粒物中的持久性有机氯污染物[J]. 厦门大学学报（自然科学版），2004，43：230-234.

[195] CANADIAN COUNCIL OF MINISTERS OF THE ENVIRONMENT. Canadian sediment quality guidelines for the protection of aquatic life[R]. 2002.

[196] 林田，马传良，王丽芳，等. 滇池沉积物中多氯联苯和有机氯农药的残留特征与风险评估[J]. 地球与环境，2014，42（5）：628.

[197] 王伟，祁士华，龚香宜，等. 泉州湾沉积物中有机氯农药含量及风险评估[J]. 环境科学研究，2006，19（4）：14-18.

[198] 乔敏，王春霞，黄圣彪，等. 太湖梅梁湾沉积物中有机氯农药的残留现状[J]. 中国环境科学，2004，24（5）：592-595.

[199] 刘贵春，黄清辉，李建华，等. 长江口南支表层沉积物中有机氯农药的研究[J]. 中国环境科学，2007，27（4）：503-507.

[200] 王江涛，谭丽菊，张文浩，等. 青岛近海沉积物中多环芳烃、多氯联苯和有机氯农药的含量和分布特征[J]. 环境科学，2010，31（11）：2714-2721.

[201] 阚海峰. 大连地区大气中多氯联苯的季节性变化和源解析[D]. 大连：大连海事大学，2011.

[202] KWON H D, LEE Y S, KIM L, et al. Spatial distribution and source identification of indicator polychlorinated biphenyls in soil collected from the coastal multiindustrial city of Ulsan, South Korea for three consecutive years[J]. Chemosphere, 2016, 163:184-191.

[203] 张雪，刘维涛，梁丽琛，等. 多氯联苯（PCBs）污染土壤的生物修复[J]. 农业环境科学学报，2016，35（1）：1-11.

[204] 王向琴，祁士华，邢新丽，等. 川西北至重庆市土壤剖面中有机氯农药的组成特征[J]. 中国环境科学，2008，28（6）：548-551.

[205] WORLD HEALTH ORGANIZATION (WHO). EHC 202 Selected Non-Heterocyclic Polycyclic Aromatic Hydrocarbons[J]. Geneva, 1998.

[206] 禹雪中，杨志峰，钟德钰，等. 河流泥沙与污染物相互作用数学模型[J]. 水利学报，2006．37（1）：10-15.

[207] 陈丽. 东平湖表层沉积物中多氯联苯（PCBs）的污染特征、来源及生态风险研究[D]，2019.

[208] 房倩，王艳，李玉华，等. 衡山大气中 PCBs 的浓度水平及来源分析[J]. 中国环境科学，2012，32（9）：1559-1564.

[209] 曹伟娟，裴国霞，张琦，等. 黄河头道拐断面水体中多氯联苯的季节性分布特征及源汇分析[J]. 中国农村水利水电，2013（5）：46-48，52，56.

[210] 曲明昕. 百花湖水体中持久性有机污染物[D]. 贵阳：贵州师范大学，2006.

[211] 张志，齐虹，刘丽艳，等. 中国生产的多氯联苯（PCBs）组分特征[J]. 黑龙江大学自然科学学报，2009，26（6）：809-815.

[212] ZHOU Q X, WU W, XIAO J P. Solid phase extraction with silicondioxide microspheres for the analysis of polychlorinated biphenyls in environmental water samples prior to gas chromatography with electron capture detector [J]. International Journal of Environmental Analytical Chemistry, 2013: 938.

[213] NIE X P, LAN C Y, WEI T L, et al. Distribution of polychlorinated biphenyls in the water, sediment and fish from the Pearl River estuary, China[J]. Marine Pollution Bulletion, 2005: 505.

[214] 李小胜，陈珍珍. 如何正确应用 SPSS 软件做主成分分析[J]. 统计研究，2010，27（8）：105-108.

[215] KRAUSS M, WILCKE W. Predicting soil-water partitioning of polycyclic aromatic hydrocarbons and polychlorinated biphenyls by desorption with methanol-water mixtures at different temperatures[J]. Environmental science \& technology, 2001, 35(11): 2319-2325.

[216] VEITH G D, DEFOE D L, BERGSTEDT B V. Measuring and estimating the bioconcentration factor of chemicals in fish. Journal of the Fisheries Board of Canada, 1979, 36(9): 1040-1048.

[217] XING X L, QI S H, ZHANG Y, et al. Organochlorine pesticides (OCPs) insoils along the eastern slope of the Tibetan Plateau [J]. Pedosphere: AQuarterly Journal of Soil Science, 2010, 20(5):607-615.

[218] IWATA H, TANABE S, UEDA K, et al. Persistent organochlorine residues inair, water, sediments, and soils from the Lake Baikal Region, Russia[J]. Environmental Science & Technology, 1995, 29(3):792-801.

[219] NIU L L, XU C, XU Y. Hexachlorocyclobexanes in tree bark across Chinese agricultural regions: Spatial distribution and enantiomericsignatures [J]. Environmental Science & Technology, 2014, 48(20):12031-12038.

[220] 鲁垠涛，薛宏慧，张士超，等．长江流域岸边土中OCPs的残留特征、来源及风险评价[J]．中国环境科学，2019，39（9）：3897-3904．

[221] OFFICE Of WATER, U. S. Environmental Protection Agency. National Recommended Water Quality Criteria-Correction(EPA822-Z-99-001)[S].

[222] GREGOR D J. PCB deposition to the Canadian Arctic: A comparison of long-rang atmospheric transport and regional sources [J]. Final report to environment Canada under contract KM171-4-0325, 1995, 30:44.

[223] CONG L L. Ice phase as an important factor on the seasonal variation of polycyclic aromatic hydrocarbons in the Tumen River [D]. Yanji: Yanbian University, 2010.

[224] 郭伟，何孟常，杨志峰，等．大辽河水系表层水中多环芳烃的污染特征[J]．应用生态学报，2007，18（7）：1534-1538．

[225] 袁东星，杨东宁，陈猛，等．厦门西港及闽江口表层沉积物中多环芳烃和有机氯污染物的含量及分布[J]．环境科学学报，2001，21（1）：107-112．

[226] 石璇，杨宇，徐福留，等．天津地区地表水中多环芳烃的生态风险[J]．环境科学学报，2004，4：619-624．

[227] 杨玉霞，徐晓琳．黄河兰州段水环境中多环芳烃来源解析[J]．地下水，2007，29（1）：20-23．

[228] 吴启航，麦碧娴，杨清书，等．珠江广州河段重污染沉积物中多环芳烃赋存状态初步研究[J]．地球化学，2004，33（1）：37-45．

[229] 王东辉. 松花江水体中多环芳烃类污染物的污染研究[J]. 环境科学与管理，2006，31（9）：69-70，73.

[230] 邓红梅，陈永亨. 西江水体中多环芳烃的分布特征及来源[J]. 生态环境学报，2009，2：435-440.

[231] 罗孝俊. 珠江三角洲河流、河口和邻近南海海域水体、沉积物中多环芳烃与有机氯农药研究[D]. 广州：中国科学院研究生院（广州地球化学研究所），2004.

[232] Mitra S, Bianchi T S A. Prelininary assessment of polycyclic aromatic hydrocarbon distribution in the lower Mississippi River and Gulf of Mexico Marine[J]. Chemistry, 2003, 82:273-288.

[233] KOH C H, KHIM J S, KANNAN K, et al. Polychlorinated dibenzo-p-dioxins (PCDDs), dibenzofurans (PCDFs), biphenyls (PCBs), and polycyclic aromatic hydrocarbons (PAHs) and 2, 3, 7, 8-TCDD equivalents (TEQs) in sediment from the Hyeongsan River, Korea [J]. Environmental Pollution, 2004, 132:489-501.

[234] FERNANDES M B, SICRE M A, BOIREAU A, et al. Polycyclic aromatic hydrocarbon(PAH) distributions in the Seine River and its estuary[J]. Marine Pollution Bulletin, 1997, 38:857-867.

[235] WITT G. Polycyclic aromatic hydrocarbons in water and sediment of the Baltic Sea [J]. Marine Pollution Bulletin, 1995, 31(4-12):237-248.

[236] MOORE S W, RAMAMOORTHY S. In Desanto (Series Editor)[M]. New Your: Springerver-lag, 1984.

[237] MALDONADO C, BAYONA J M, BODINEAU L. Sources, distribution, and Water column Processes of aliphatic and polycyclic aromatic hydrocarbons in the northwestern Black Sea Water [J]. Environmental Science & Technology, 1999, 33:2693-2702.

[238] SOCLO H H, GARRIGUES P H, EWALD M. Origin of polycyclic aromatic hydrocarbons in coastal marine sediments: Case studies in Cotonou (Benin) and Aquitaine (France) Areas [J]. Marine Pollution Bulletion, 2000, 40(5):387-396.

[239] 周娜，贾仰文，胡鹏，等. 松花江流域冰封期水功能区限制纳污控制研究

[J]. 水利学报，2014，45（5）：557-565.

[240] 王宪恩，董德明，赵文晋，等. 冰封期河流中有机污染物削减模式[J]. 吉林大学学报（理学版），2003，41（3）：392-395.

[241] WANG X P, XU B Q, KANG S C, et al. The historical residue trends of DDT, hexachlorocyclohexanes and polycyclic aromatic hydrocarbons in an ice core from Mt. Everest, central Himalayas, China [J]. Atmospheric Environment, 2008, 42(27):6699-6709.

[242] DASH J G, FU H Y, WETTLAUFER J S. The pre-melting of ice and its environmental consequences [J]. Rep. Prog. Physics, 1995, 58:115-167.

[243] WEEK W F, ACKLEY S F. The growth, structure and properties of sea ice [M]. US Army Cold Regions Research and Engineering Laboratory, Hannover, NH, 1982.

[244] GOX G F N, WEEKS W F. Numerical simulations of the profile properties of undeformed first-year sea ice during the growth season [J]. Journal of Geophysical Research, 1988, 93(C10):12449-12460.

[245] HEGER D, JIRKOVSKÝ J, KLÁN P. Aggregation of ethylene blue in frozen aqueous solutions studied by absorption spectroscopy [J]. The journal of physical chemistry. A, 2005, 109(30); 6702-6709.

[246] NAS (National Academy of Sciences). Human Exposure Assessment for Airbone Pollutants: Advances and Opportunities[M]. Washionton, DC: National Academy Press, 1991.

[247] BAUMARD P, BUDZINSKI H, MICHON Q, et al. Origin and bioavailability of PAHs in the Mediterranean sea from mussel and sediment records[J]. Estuarine Coastal and Shelf Science, 1998, 47(1):77-90.

[248] 孟川平，杨凌霄，董灿，等. 济南冬春季室内空气 PM_（2.5）中多环芳烃污染特征及健康风险评价[J]. 环境化学，2013，32（5）：719-725.

[249] SIMCIK M F, EISENREICH S J, LIOY P J. Source apportionment and source/sink relationships of PAHs in the coastal atmosphere of Chicago and Lake Michigan [J]. Atmospheric Environment, 1999, 33(30):5071-5079.

[250] 刘维屏. 农药环境化学[M]. 北京：化学工业出版社，2005.

[251] 李丽. 不同级分腐殖酸的分子结构特征及其对菲的吸附行为的影响[D]. 北京：中国科学院，2003.

[252] DOPPENSCHMIDT A, BUTT H J. Measuring the thickness of the liquid-like layer on ice surfaces with atomic force microscopy[J]. Langmuir, 2000, 16: 6713-6714.

[253] 高红杰. 冰相中典型酚类化合物的分布与释放及其光化学转化[D]. 长春：吉林大学，2000.

[254] CHEN M Y, CHEN Y G, WANG W C, et al. Phase-field simulation of the growth mechanism of ice crystals in the process of freeze conce- ntration[J]. Journal of Fujian Agriculture and Forestry University, 2010, 39(5):550-551.

[255] 李莉. 间甲酚在固态冰相中的分布、释放及光降解规律的研究[D]. 长春：吉林大学，2007.

[256] WEEKS W F, ACKLEY S F. The growth, structure and properties of sea ice. In: Untersteiner N. The Geophysics of Sea Ice. New York and London: Plenum Press, 1989: 9-164.

[257] MEYER T, WANIA F. Organic contaminant amplification during snowmelt[J]. Water Research, 2008, 42(8-9): 1849-1850.

[258] LOSETO L L, LEAN D R S, Siciliano S D. Snowmelt sources of methylmercury to high arctic ecosystems[J]. Environmental Science and Technology, 2004, 38(11): 3004-3010.

[259] SIMMLEIT N, HERRMANN R, THOMAS W. Chemical Behaviour of Hydrophobic Micropollutants During the Melting of Snow[J]. IAHS Publication, 1986, 155:335-346.

[260] 邓南圣，吴峰. 环境光化学[M]. 北京：化学工业出版社，2003.

[261] ANASTASIO C, JORDAN A L. Photoformation of hydroxyl radical and hydrogen peroxide in aerosol particles from Alert, Nunavut: implications for aerosol and snowpack chemistry in the Arctic [J]. Atmos. Environ, 2004, 38:1153-1166.

[262] 慕俊泽，张勇，彭景吓．多环芳烃光降解研究进展[J]．安全与环境学报，2005，5（3）：69-74．

[263] 张昕．典型有机污染物的光降解动力学及机理研究[D]．内蒙古：内蒙古师范大学，2012．

[264] 张利红，李培军，李雪梅，等．有机污染物在表层土壤中光降解的研究进展[J]．生态学杂志，2006，25（3）：318-322．

[265] 王浩．表层土壤中有机污染物的光化学行为研究进展[J]．现代农业，2013，5：96-98．

[266] 汪东，王敬国，慕康国．TiO$_2$对几种农药在土壤中光降解的催化作用[J]．环境污染与防治，2010，32（8）：10-13．

[267] 武江波，曾祥英，李桂英，等．紫外光照射下甲苯光化学降解的初步研究[J]．地球化学，2007，36（3）：328-334．

[268] BLITZ M A, HEARD D E, PILLING M J. Pressure and temperature-dependent quantum yields for the photodissociation of acetone between 279 and 327. 5 nm [J]. Geophys. Res. Lett, 2004, 31, L06111.

[269] SADTCHENKO V, EWING G E. Interfacial melting of thin ice films: An infrared study [J]. J. Chem. Phys. , 2002, 116(11):4686-4697.

[270] JACOBI H W, ANNOR T, QUANSAH E. Investigation of the photochemical decomposition of nitrate, hydrogen peroxide, and formaldehyde in artificial snow[J]. J Photochem Photobiol A:photochem, 2006, 179:330-338.

[271] 薛洪海，石磊，张帆，等．天然水中萘光降解作用的影响因素研究[J]．东北师大学报（自然科学版），2012，44（3）：124-129．

[272] 贾鸿宁，戴红．多环芳烃的致癌性及其机制研究进展[J]．大连医科大学学报，2009，31（5）：604-607，620．

[273] CHEN S C, LIAO C M. Health risk assessment on human exposed to environmental polycyclic aromatic hydrocarbons pollution sources [J]. Science of the Total Environment, 2006, 366(1):112-123.

[274] CHIANG K C, CHIO C P, CHIANG Y H, et al. Assessing hazardous risks of human exposure to temple airborne polycyclic aromatic hydrocarbons [J].

Journal of Hazardous Materials, 2009, 166(2/3):676-685.

[275] U. S. EPA. Integrated Risk Information System(IRIS)[EB/OL]. http:www. epa. gov/ iris/, 2007.

[276] IARC. Complete List of Agents evaluated and their classification[EB/OL]. http: www. iare. fr/, 2006.

[277] STAPLES C A, DAVIS J W. An examination of the physical properties, fate, ecotoxicity and potential environmental risks for a series of propylene glycol ethers [J]. Chemosphere, 2002, 49(1):61-73.

[278] MULLER G. Index of geo-accumulation in sediments of the Rhine River [J]. Geojournal, 1969, 2(3):108-118.

[279] HAKANSON L. AN ecology risk index for aquatic pollution controls a sediment ological approach [J]. Water Research, 1980, 14(8):995-1001.

[280] 王喜龙，徐福留，李本纲，等. 天津污灌区苯并[a]芘、荧蒽和菲生态毒性的风险表征[J]. 城市环境与城市生态，2002，4：10-12.

[281] 程家丽，黄启飞，魏世强，等. 我国环境介质中多环芳烃的分布及其生态风险[J]. 环境工程学报，2007，1（4）：138-144.

[282] WANG X L, TAO S, DAWSON R W, et al. Characterizing and comparing risks of policy- clic aromatic hydrocarbons in a Tianjin wastewater irrigated area [J]. Environ Res, 2002, 90(3):201-206.

[283] 李海燕，段丹丹，黄文，等. 珠江三角洲表层水中多环芳烃的季节分布、来源和原位分配[J]. 环境科学学报，2014，34（12）：2963-2972.

[284] MCCAULEY D J, DEGRAEVE G M, LINTON T K, et al. Sediment Quality Guidelines and Assessment: Overview and Research Needs[J]. Environmental Science&Policy, 2000, 3(SUPP-S1):133-144.

[285] LONG E R, MACDONALD D D, SMITH S L, et al. Incidence of adverse biological effects within ranges of chemical concentrations in marine and estuarine sediments[J]. Environ Manage, 1995, 19(1):81-97.

[286] HAKANSON L. An ecological risk index for aquatic pollution control: a sediment ecological approach [J]. Water Research. 1980: 14, 975-1001.

[287] WU B, ZHANG Y, ZHANG X X, et al. Health risk from exposure of organic pollutants through drinking water consumption in Nanjing, China[J]. Bulletin of Environmental Contamination and Toxicology, 2010, 84(1): 46-50.

[288] 程晨，陈振楼，毕春娟，等. 上海市黄浦江水源地六六六、滴滴涕类内分泌干扰物污染特征分析及健康风险评价[J]. 农业环境科学学报，2008，27（2）：705-710.

[289] 臧振远，赵毅，尉黎，等. 北京市某废弃化工厂的人类健康风险评价[J]. 生态毒理学报，2008，3（1）：48-54.

[290] 韩菲，郭宝东，王英艺. 辽河表层沉积物多环芳烃分布、来源及生态风险评价[J]. 环境保护与循环经济，2010，12：62-66.

[291] 张岩林，胡健，刘宝剑，等. 辽河流域多环芳烃（PAHs）的分布特征及来源解析[J]. 地球与环境，2012，2：188-194.

[292] 郭广慧，吴丰昌，何宏平，等. 太湖水体多环芳烃生态风险的空间分布[J]. 中国环境科学，2012，6：1032-1039.

[293] TSAI P J, SHIEH H Y, LEE W J, et al. Health-risk assessment for workers exposed to polycyclic aromatic hydrocarbons (PAHs) in a carbon black manufacturing industry[J]. Sci Total Environ, 2001, 278(1-3):137-150.

[294] MUKHTASOR, SADIQ R, HUSAIN T, et al. Acute ecological risk associated with soot deposition: a Persian Gulf case study [J]. Ocean Eng, 2001, 28(9):1295-1308.

[295] 罗庆. 细河沿岸地下水中特征有机污染物健康风险评价[D]. 沈阳：沈阳大学，2011：39-82.

[296] BEYER A, MACKAY D, MATTHIES M, et al. Assessing long-range transport potential of persistent organic pollutants.[J] EnvironmentalScience & Technology. 2000, 34(4): 699-703.

[297] 赵毅，臧振远，申坤，等. 有机氯农药污染场地的健康风险评价[J]. 河北大学学报（自然科学版），2012，32（1）：33-41.

[298] 王进军，刘占旗，古晓娜. 环境致癌物的健康风险评价方法[J]. 国外医学（卫生学分册），2009，36（1）：50-57.

[299] MACKAY D. Multimedia Environmental Models:The Fugacity Approach[M], 2007.

[300] 任智辉，裴国霞，张琦，等．逸度模型应用于 POPs 研究中若干问题的探讨 [C]//持久性有机污染物论坛 2010 暨第五届持久性有机污染物全国学术研讨 会论文集，2010：270-271．

[301] IWATA H, TANABE S, SALCAI N, et al. Distribution of persistent organochlorines in the oceanic air and seawater and the role of ocean on their global transport and fate[J]. Environmental Science and Technology, 1993, 27(6): 1080-1098.

[302] 韩艳红．冰相中 2，4，5-三氯联苯的分布与释放规律研究[D]，内蒙古：内 蒙古农业大学，2013：10-14．

[303] MACKAY D, PATERSON S. Evaluating the multimedia fate of organic chemicals:a Leve III fugacity model[J]. Environmental Science and Technology, 1991, 25(3): 427-436.

[304] 敖江婷．IV级逸度模型对典型有机污染物环境行为的动态模拟[D]．辽宁： 大连理工大学，2008：10-26．

[305] KNAP A H, BIKNLEY K S. Chlorinated organic compounds in the troposphere over the western North Atlantic Ocean measured by aircraft[J]. Atmospheric Environment. Part A. General Topics, 1991, 25 (8): 1507.

[306] MACKAY D.Multimedia Environmental Models:The Fugacity Approach[J]. Lewis Publishers Chelsea M I, 1991: 67-231.

附表1 流凌期多环芳烃的健康风险指数

PAHs		S6	S7	S8	S9	S10	S11	S12	S13	总计
		采样断面								
非致癌风险	Fl 饮水	3.78×10^{-6}	1.06×10^{-5}	2.26×10^{-6}	2.60×10^{-6}	3.92×10^{-6}	4.18×10^{-6}	—	4.66×10^{-6}	3.20×10^{-5}
	Fl 洗浴	4.98×10^{-8}	1.39×10^{-7}	2.98×10^{-8}	3.42×10^{-8}	5.17×10^{-8}	5.52×10^{-8}	—	6.15×10^{-8}	4.22×10^{-7}
	Phe 饮水	1.90×10^{-5}	1.09×10^{-5}	—	3.03×10^{-6}	5.59×10^{-6}	3.83×10^{-6}	—	—	2.53×10^{-5}
	Phe 洗浴	2.50×10^{-8}	1.44×10^{-7}	—	4.00×10^{-8}	7.38×10^{-8}	5.06×10^{-8}	—	—	3.34×10^{-7}
	Ant 饮水	—	1.82×10^{-6}	2.90×10^{-7}	—	5.74×10^{-7}	6.13×10^{-7}	6.60×10^{-7}	9.01×10^{-7}	4.86×10^{-6}
	Ant 洗浴	—	2.40×10^{-8}	3.82×10^{-9}	—	7.57×10^{-9}	8.09×10^{-9}	8.71×10^{-9}	1.19×10^{-8}	6.41×10^{-8}
	Fla 饮水	3.49×10^{-5}	3.50×10^{-5}	2.13×10^{-5}	2.33×10^{-5}	2.97×10^{-5}	1.35×10^{-5}	8.61×10^{-6}	1.94×10^{-5}	1.86×10^{-4}
	Fla 洗浴	4.61×10^{-7}	4.61×10^{-7}	2.81×10^{-7}	3.07×10^{-7}	3.92×10^{-7}	1.78×10^{-7}	1.14×10^{-7}	2.56×10^{-7}	2.45×10^{-6}
	Pyr 饮水	3.10×10^{-6}	1.51×10^{-5}	9.21×10^{-6}	4.08×10^{-6}	7.89×10^{-6}	9.24×10^{-6}	2.74×10^{-6}	1.46×10^{-5}	6.59×10^{-5}
	Pyr 洗浴	4.10×10^{-8}	1.99×10^{-7}	1.21×10^{-7}	5.38×10^{-8}	1.04×10^{-7}	1.22×10^{-7}	3.61×10^{-8}	1.93×10^{-7}	8.70×10^{-7}
	总非致癌风险指数	4.43×10^{-5}	7.43×10^{-5}	3.35×10^{-5}	3.34×10^{-5}	4.83×10^{-5}	3.17×10^{-5}	1.22×10^{-5}	4.01×10^{-5}	3.18×10^{-4}
致癌风险	BaP 饮水	—	—	—	—	—	—	—	—	—
	BaP 洗浴	—	—	—	—	—	—	—	—	—
	总致癌风险指数	—	—	—	—	—	—	—	—	—
	总风险	4.43×10^{-5}	7.43×10^{-5}	3.35×10^{-5}	3.34×10^{-5}	4.83×10^{-5}	3.17×10^{-5}	1.22×10^{-5}	4.01×10^{-5}	3.18×10^{-4}

附表 2 冰封期多环芳烃的健康风险指数

PAHs		采样断面								总计
		S6	S7	S8	S9	S10	S11	S12	S13	
非致癌风险 Fl	饮水	4.33×10^{-06}	—	4.54×10^{-06}	2.76×10^{-06}	—	—	1.90×10^{-06}	—	1.35×10^{-05}
	洗浴	5.72×10^{-08}	—	5.98×10^{-08}	3.64×10^{-08}	—	—	2.51×10^{-08}	—	1.79×10^{-07}
Phe	饮水	1.76×10^{-06}	3.83×10^{-06}	2.34×10^{-06}	—	1.33×10^{-06}	—	—	1.63×10^{-06}	1.09×10^{-05}
	洗浴	2.32×10^{-08}	5.05×10^{-08}	3.09×10^{-08}	—	1.75×10^{-08}	—	—	2.15×10^{-08}	1.44×10^{-07}
Ant	饮水	8.36×10^{-07}	6.48×10^{-07}	3.34×10^{-07}	3.66×10^{-07}	1.50×10^{-07}	3.08×10^{-07}	2.22×10^{-07}	1.63×10^{-06}	5.20×10^{-06}
	洗浴	1.10×10^{-08}	8.55×10^{-09}	4.41×10^{-09}	4.83×10^{-09}	1.98×10^{-09}	4.07×10^{-09}	2.93×10^{-09}	3.09×10^{-09}	6.87×10^{-08}
Fla	饮水	5.20×10^{-06}	8.98×10^{-05}	3.11×10^{-05}	1.72×10^{-05}	6.57×10^{-05}	4.42×10^{-05}	3.41×10^{-05}	2.57×10^{-05}	3.28×10^{-04}
	洗浴	2.61×10^{-07}	1.19×10^{-06}	4.11×10^{-07}	2.27×10^{-07}	8.66×10^{-07}	5.83×10^{-07}	4.50×10^{-07}	3.39×10^{-07}	4.32×10^{-06}
Pyr	饮水	—	2.89×10^{-06}	7.53×10^{-06}	2.11×10^{-06}	8.68×10^{-06}	5.91×10^{-06}	—	2.22×10^{-05}	4.93×10^{-05}
	洗浴	—	3.81×10^{-08}	9.93×10^{-08}	2.78×10^{-08}	1.15×10^{-07}	7.80×10^{-08}	—	2.93×10^{-07}	6.51×10^{-07}
总非致癌风险指数		2.71×10^{-05}	9.85×10^{-05}	4.65×10^{-05}	2.28×10^{-05}	7.68×10^{-05}	5.11×10^{-05}	3.67×10^{-05}	5.26×10^{-05}	4.12×10^{-04}
致癌风险 BaP	饮水	—	—	—	—	—	—	—	4.19×10^{-06}	4.19×10^{-06}
	洗浴	—	—	—	—	—	—	—	5.53×10^{-08}	5.53×10^{-08}
总致癌风险指数									4.25×10^{-06}	4.25×10^{-06}
总风险		2.71×10^{-05}	9.85×10^{-05}	4.65×10^{-05}	2.28×10^{-05}	7.68×10^{-05}	5.11×10^{-05}	3.67×10^{-05}	5.68×10^{-05}	4.16×10^{-04}

附表 3 开河期各采样断面多环芳烃的健康风险指数

	PAHs		采样断面 S6	S7	S8	S9	S10	S11	S12	S13	总计
非致癌风险	Fl	饮水	—	—	—	—	—	—	—	—	—
		洗浴	—	—	—	—	—	—	—	—	—
	Phe	饮水	—	—	—	—	—	—	—	—	—
		洗浴	—	—	—	—	—	—	—	—	—
	Ant	饮水	6.00×10^{-07}	6.56×10^{-07}	1.03×10^{-06}	—	—	—	2.34×10^{-07}	2.21×10^{-06}	4.73×10^{-06}
		洗浴	—	—	—	—	—	—	—	—	—
	Fla	饮水	1.86×10^{-05}	3.94×10^{-05}	1.66×10^{-05}	1.20×10^{-05}	4.75×10^{-05}	2.33×10^{-05}	1.34×10^{-05}	2.73×10^{-05}	1.98×10^{-04}
		洗浴	—	—	—	—	—	—	—	—	—
	Pyr	饮水	6.60×10^{-06}	4.11×10^{-06}	6.75×10^{-06}	2.88×10^{-06}	5.94×10^{-06}	—	1.71×10^{-06}	1.50×10^{-05}	4.30×10^{-05}
		洗浴	—	—	—	—	—	—	—	—	—
	总非致癌风险指数		2.62×10^{-05}	4.48×10^{-05}	2.47×10^{-05}	1.51×10^{-05}	5.42×10^{-05}	2.36×10^{-05}	1.56×10^{-05}	4.51×10^{-05}	2.49×10^{-04}
致癌风险	BaP		—	2.79×10^{-06}	—	1.99×10^{-06}	—	4.79×10^{-06}	4.19×10^{-06}	—	1.37×10^{-05}
			—	3.68×10^{-08}	—	2.63×10^{-08}	—	6.31×10^{-08}	5.53×10^{-08}	—	1.18×10^{-07}
	总致癌风险指数			2.83×10^{-06}		2.02×10^{-06}		4.85×10^{-06}	4.25×10^{-06}		1.39×10^{-05}
总风险			2.62×10^{-05}	4.76×10^{-05}	2.47×10^{-05}	1.71×10^{-05}	5.42×10^{-05}	2.84×10^{-05}	1.98×10^{-05}	4.51×10^{-05}	2.63×10^{-04}